高等职业教育电子信息类新形态一体化教材

Altium Designer 22 PCB设计案例教程

（微课版）

王　静　陈学昌　主　编
刘亭亭　孙文成　周　莹　副主编

清华大学出版社
北　京

内 容 简 介

本书基于电路设计工具 Altium Designer 22,该版本全面兼容 18、19、20、21 等版本的功能。全书共分为 13 章,详细介绍了 Altium Designer 22 的基本功能、操作方法和实际应用技巧。本书作者具备十多年印制电路板(PCB)设计的实际工作经验并长期从事该课程的教学工作。本书在编写过程中从实际应用出发,以典型案例为导向,以任务为驱动,深入浅出地介绍了 Altium Designer 22 软件的设计环境、原理图设计、层次原理图设计、PCB 设计、三维 PCB 设计、PCB 规则约束及校验、交互式布线、原理图库、PCB 库、集成库的创建等相关技术。本书配套资源丰富,包括操作视频、PPT、教案和相关素材。

本书不仅可以作为高职院校电子、电气、计算机、通信等相关专业的教材,也可作为从事电子线路设计等相关人员的学习和参考用书。

图书在版编目(CIP)数据

Altium Designer 22 PCB 设计案例教程:微课版/王静,陈学昌主编. —北京:清华大学出版社,2023.4
(2024.9重印)
　　高等职业教育电子信息类新形态一体化教材
　　ISBN 978-7-302-62889-7

　　Ⅰ. ①A… Ⅱ. ①王… ②陈… Ⅲ. ①印刷电路—计算机辅助设计—应用软件—高等职业教育—教
材 Ⅳ. ①TN410.2

中国国家版本馆 CIP 数据核字(2023)第 037562 号

责任编辑:刘翰鹏
封面设计:常雪影
责任校对:刘　静
责任印制:宋　林

出版发行:清华大学出版社
　　　网　　　址:https://www.tup.com.cn,https://www.wqxuetang.com
　　　地　　　址:北京清华大学学研大厦 A 座　　　　邮　　编:100084
　　　社 总 机:010-83470000　　　　　　　　　　邮　　购:010-62786544
　　　投稿与读者服务:010-62776969,c-service@tup.tsinghua.edu.cn
　　　质量反馈:010-62772015,zhiliang@tup.tsinghua.edu.cn
　　　课件下载:https://www.tup.com.cn,010-83470410
印 装 者:三河市君旺印务有限公司
经　　销:全国新华书店
开　　本:185mm×260mm　　印　张:18　　　　　　字　　数:412千字
版　　次:2023 年 4 月第 1 版　　　　　　　　　　印　　次:2024 年 9 月第 3 次印刷
定　　价:49.00 元

产品编号:098479-01

前　言

党的二十大报告强调，"必须坚持科技是第一生产力、人才是第一资源、创新是第一动力"。要把技能人才作为第一资源来对待，培养更多高技能人才和大国工匠，为全面建设社会主义现代化国家提供有力人才保障。

随着计算机产业的发展，从 20 世纪 80 年代中期开始计算机应用逐渐普及各个领域。在这种背景下，美国 ACCEL Technologies 公司推出了第一个应用于电子线路设计的软件包——TANGO。此软件包现在看起来虽比较简陋，但在当时却给电子线路设计带来了设计方法和方式的革命，人们纷纷开始用计算机设计电子线路。在电子工业飞速发展的时代，TANGO 日益显示出其不适应时代发展需要的缺点。为了适应科学技术的发展，Protel Technology 公司以其强大的研发能力推出了 Protel for DOS 作为 TANGO 的升级版本，取得了业界的普遍认可，从此 Protel 这个名字在业内日益响亮。

Protel 系列是早期引进到我国的 EDA 软件之一，一直以易学易用的特点而深受广大电子线路设计师的喜爱。Altium Designer 是 Altium 公司继 Protel 系列产品（TANGO、Protel for DOS、Protel for Windows、Protel 98、Protel 99SE、Protel DXP、Protel DXP 2004）之后推出的高端设计软件。

2001 年，Protel Technology 公司改名为 Altium 公司，整合了多家 EDA 软件公司，成为业内的市场主导者。

从 2006 年至今，Altium 公司先后推出 Altium Designer 6.0、Altium Designer Summer 08、Altium Designer 09、Altium Designer 10、Altium Designer 13～21 等版本，体现了 Altium 公司全新的产品开发理念，更加贴近电子线路设计师的应用需求，更加符合未来电子线路设计发展趋势要求。

2022 年，Altium 公司正式发布全新的 Altium Designer 22，这套软件通过把原理图设计、PCB 设计、拓扑逻辑自动布线、信号完整性分析和设计输出等技术的完美融合，为设计者提供了全新的设计解决方案，使设计者可以轻松地进行设计，如果熟练掌握了这套软件的使用方法，电路设计的质量和效率将会大大提高。

本书以 Altium Designer 22 为基础，从实用角度出发，以在校学生使用的单片机实验板电路设计案例为基础，结合配套教学视频，由浅入深，循序渐进地讲解了从基础的原理图设计到复杂的印制电路板设计与应用。

本书打破了传统教材中先讲原理图再讲 PCB 设计的写作方法，读者可以从简单到复杂的 3 个案例中快速掌握该软件的使用方法，学会 PCB 的设计技巧。

本书共分为 13 章，简介如下。

第 1 章为 Altium Designer 22 的基础知识。介绍了 Altium Designer 22 软件的安装步骤,界面简介以及系统环境的设置。通过学习读者可对 Altium Designer 22 软件有一定的直观了解,消除新手对于 Altium Designer 22 软件使用的陌生感。

第 2 章、第 3 章以"单片机电源模块"案例介绍原理图及 PCB 设计的基础知识,通过这两章的学习,读者对该软件的功能有一个初步了解,并能进行简单的原理图及 PCB 设计。

第 4 章、第 5 章介绍原理图库、PCB 封装库、集成库。设计 PCB 的读者可能有这样的体会,在设计 PCB 时,经常有些元器件在软件提供的库里面找不到,所以读者掌握了这两章的知识后,就不会为找不到元器件而苦恼。

第 6 章介绍原理图绘制的环境参数及设置方法,以方便读者根据自己的使用习惯进行参数设置,从而得心应手地使用该软件。

第 7 章通过第 2 个案例"数字钟电路"原理图绘制验证第 4 章建立的元件库的正确性,以及第 6 章设置的原理图环境是否合理,并介绍原理图编辑的高级应用,如同类型元器件属性的更改、使用过滤器选择批量目标等。

第 8 章介绍 PCB 的编辑环境及参数设置,第 9 章完成"数字钟电路"的 PCB 设计,并通过该案例验证第 5 章建立的封装库的正确性以及 PCB 编辑环境设置的合理性,并进行设计规则介绍。在"数字钟电路"的 PCB 设计基础上,第 10 章进行交互式布线及 PCB 设计技巧的介绍。

第 11 章通过"数字钟电路"案例介绍各种输出文件的建立,如位号图、阻值图输出、Gerber 文件及钻孔等文件输出,创建 BOM 文件等。

第 12 章介绍怎样从网上下载元器件及 3D 模型,为设计单片机实验板的 PCB 准备元器件。

第 13 章通过"单片机实验板"电路设计案例介绍层次原理图设计方法,并完成相应的 PCB 设计。

本书由深圳市志博科技有限公司李崇伟先生担任技术顾问,感谢他在编写过程中的无私指导与帮助;同时还要感谢唐广同学协助本书完成了单片机实验板的 PCB 设计工作。在此,对他们无私的指导、关心和帮助再次表示衷心的感谢。

本书在编写过程中,参阅了同行专家的相关文献资料,在此真诚致谢。

为求图片与软件贴近,书中电路原理图采用了 Altium Designer 软件绘制。

由于编者水平有限,书中不妥甚至错误在所难免,恳请广大读者批评、指正。

编　者

2022 年 10 月

目　录

第 1 章

认识 Altium Designer 22 软件

任务描述

本章主要是介绍 Altium Designer 22 软件安装方法、软件界面设置方法、软件参数设置方法。通过本章的学习,读者能够掌握软件的安装和激活,正确地打开、关闭各个工作面板、完成常用的中英文界面的设置和自动保存时间间隔及保存路径等参数的设置方法。本章主要包含以下内容:

- Altium Designer 22 软件安装;
- 熟悉 Altium Designer 22 软件界面;
- Altium Designer 22 软件参数设置。

1.1 Altium Designer 22 软件概述

Altium(前身为 Protel 国际有限公司)由 Nick Martin 于 1985 年始创于澳大利亚,致力于开发基于 PC 的软件,用于印制电路板的辅助设计。

Altium Designer 是目前 EDA 行业中使用方便、操作快捷、人性化界面友好的辅助工具之一。Altium Designer 通过把原理图设计、电路仿真、PCB 绘制编辑、拓扑逻辑自动布线、信号完整性分析和设计输出等技术完美融合,赢得了业界人员的普遍认可,越来越多的用户选择使用 Altium Designer 来进行复杂的大型电路板设计。因此,对初入电子行业的学生、新人或电子行业从业者来说,熟悉并快速掌握该软件来进行电子设计是十分必要的。

应市场需求,Altium Designer 工具不断推陈出新,以满足日新月异更复杂的电子产品设计所提出的需求,最早从 Protel 开始,到 DXP,再到 Altium Designer 16,再到目前的 Altium Designer 22,总体来说 Altium Designer 成长很快,并且越来越好了。

Altium Designer 22 实例展示

Altium Designer 在功能强大和易用性之间取得了较完美的平衡,已成为市场上应用最广泛的印刷电路板设计解决方案之一。

本书以 Altium Designer 22 进行介绍,该软件的主要特点如下。

(1)一体化设计环境。Altium Designer 代表了数十年的创新和发展,致力于创建一个真正统一的设计环境,使用户能够轻松触及印刷电路板设计过程的各个方面。现代的设计界面,同一个工具,同一个界面,同一种体验,专为设计的用户界面使得 Altium

Designer 的所有功能触手可及。

　　Altium Designer 集成了电子产品 PCB 从概念到制造生产整个流程所需的所有工具。设计师可以在其统一设计环境中的各个设计编辑器之间进行无缝的设计数据移植和交换。无论设计师是输入原理图、PCB 布局布线还是查看 MCAD(机械计算机辅助设计)约束条件,Altium Designer 都可以提供一个流畅的设计工作流程,为设计师带来独特的设计体验。

　　(2) 将 MCAD 基元注入 PCB 开发平台。在同一个数据库同时提供电子和机械两方面的视图。多模型支持,元器件摆放,间隙检查及刚柔设计,从呆板的 2D 设置带入真实的 3D 世界。逼真的软硬结合板,多板装配。机械数据的导入、导出将曾经完全分离的两个工程学科 ECAD 与 MCAD,有机集成到统一设计环境。

　　(3) 供应链及数据管理。集成了超过一百个供应商的访问链接,帮助设计师轻松选择最合适的元器件。供应商信息可从元件库,Alitum Vault 数据保险库,或者原理图级源数据链接等处进行应用。版本控制提供了设计历史的追溯以及不同版本之间的比较。一键发布程序提供了一个简易的、可重复操作的方式来生成全面的发布数据包。所有这些功能片段组成了完整透明的数据管理解决方案。

1.2　Altium Designer 22 软件安装

　　对于 Altium Designer 22,Altium 公司推荐的系统配置如下。

Altium
Designer 22
安装

　　(1) Windows 10(仅限 64 位),英特尔®酷睿™i7 处理器或同等产品,尽管不推荐使用但是仍支持 Windows 7 SP1(仅限 64 位)和 Windows 8(仅限 64 位)。

　　(2) 16GB 随机存储内存(RAM),10GB 硬盘空间(安装＋用户文件)。

　　(3) 固态硬盘。

　　(4) 高性能显卡(支持 DirectX 10 或更高版本),如 GeForce GTX 1060、Radeon RX 470。

　　(5) 分辨率为 2560 像素×1440 像素(或更好)的双显示器。

　　(6) 用于 3D PCB 设计的 3D 鼠标,如 Space Navigator。

　　(7) Adobe® Reader®(用于 3D PDF 查看的 X1 或以上版本)。

　　(8) Microsoft Office 32 或者 64 位(Dblibs 需 64 位 Microsoft Access 数据引擎)。

　　最低系统配置要求如下。

　　(1) Windows 8(仅限 64 位)或 Windows 10(仅限 64 位),英特尔®酷睿™i5 处理器或同等产品,尽管不推荐使用但是仍支持 Windows 7 SP1(仅限 64 位)。

　　(2) 4GB 随机存储器(RAM),10GB 硬盘空间(安装＋用户文件)。

　　(3) 显卡(支持 DirectX 10 或更高版本),如 GeForce 200 系列、Radeon HD 5000 系列、Inter HD Graphics 4600。

　　(4) 最低分辨率为 1680 像素×1050 像素(宽屏)或 1600 像素×1200 像素(4∶3)的显示器。

（5）Adobe® Reader®（用于 3D PDF 查看的 X1 或以上版本）。

（6）Microsoft Office 32 或者 64 位（Dblibs 需 64 位 Microsoft Access 数据引擎）。

1.3　熟悉 Altium Designer 22 软件界面

Altium Designer 22 启动后，如果以前计算机上安装有低版本软件，则会进入低版本软件关闭时的界面，否则进入主页面如图 1-1 所示。

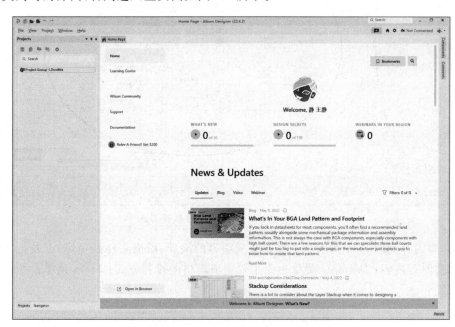

Altium
Designer 22
软件界面

图 1-1　Altium Designer 软件启动好的界面

打开系统提供的案例，选择 File→Open 命令，打开 Choose Document to Open（选择要打开的文档）对话框，选择系统提供案例的文件夹 D:\Users\Public\Documents\Altium\AD22\Examples\Bluetooth Sentinel，打开 Bluetooth_Sentinel.PrjPcb 文件，打开 Microcontroller_STM32F10 原理图文件，显示 Altium Designer 22 软件系统界面，如图 1-2 所示。

系统界面由系统主菜单（System Menu）、系统工具栏（Menus）、用户工作区（Workspace Panel）和工作区面板（Main Design Window）等几大部分组成。

1.3.1　系统主菜单

启动 Altium Designer 22 之后，在没有打开项目文件之前，系统主菜单主要包括 File、View、Project、Window、Help 等基本操作及右边的参数设置 ⚙ 等按钮。

参数设置 ⚙ 按钮主要包含 Preference 子菜单命令，通过这些子菜单命令可以完成系统的基本设置，原理图及 PCB 图设计环境的设置等。

File 菜单命令包含 New、Open...、Open Project...、Open Project Group...、Save Project 等子菜单命令，如图 1-3 所示，这些命令主要完成新建项目（或工程）、项目的打

系统工具栏

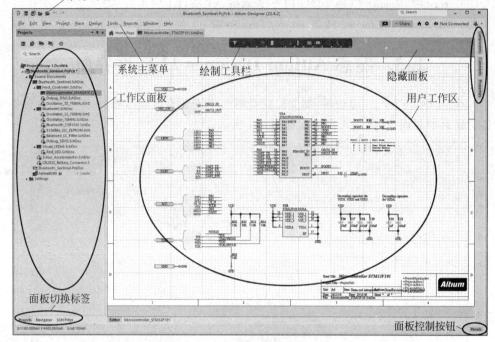

图 1-2　Altium Designer 22 软件界面

开、保存等内容。Project 菜单命令主要完成项目的编译、添加文件到项目,以及把文件从项目中移除等内容; Window 菜单命令主要完成窗口的排列方式; Help 菜单命令为读者提供帮助。

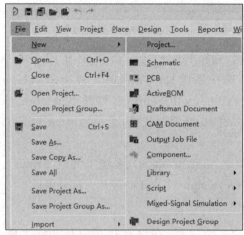

图 1-3　File 菜单命令

1.3.2　系统工具栏

　　系统工具栏 由快捷工具按钮组成,可完成文件的保存,以及打开文件、打开项目(工程)等功能(打开新的编辑器后,工具栏所包含的快捷工具按钮会发生改变)。

1.3.3　工作区面板

工作区面板是 Altium Designer 软件的主要的组成部分,不管是在特殊的文件编辑器下还是进行更高水平的设计时,结合工作区面板的使用,都可以提高设计效率和速度。

1. 面板的访问

软件初次启动后,有些面板被打开,比如 Project 控制面板出现在应用窗口的左边,Components、Properties 等控制面板以按钮的方式出现在应用窗口的右侧边缘处,如图 1-4 所示。另外在应用窗口的右下端有 1 个按钮 Panels,单击 Panels 按钮就会弹出其他面板菜单,如图 1-5 所示,在弹出的菜单项中显示各种面板的名称,从而可选择访问各种面板。

图 1-4　Component、Properties 等控制面板

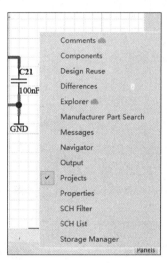

图 1-5　Panels 按钮的控制面板

2. 面板的管理

为了在工作空间更好地管理组织多个面板,各种不同的面板显示模式和管理技巧将在下面进行简单介绍。

面板显示模式有三种,分别是停靠模式、弹出模式、浮动模式。

(1) 停靠模式是指面板以纵向或横向的方式停靠在设计窗口的一侧,如图 1-6 所示。纵向停靠模式面板的切换,可以通过面板切换标签实现。

(2) 弹出模式是指面板以弹出隐藏的方式出现于设计窗口,当单击位于设计窗口边缘的按钮时,隐藏的面板弹出,当光标移开后,弹出的面板又隐藏回去,如图 1-7 所示。这两种不同的面板显示模式可以通过面板上的按钮进行互相切换,即按钮图标为 📌 示面板停靠模式;按钮图标为 ⊞ 示面板弹出模式。

(3) 浮动模式是指面板以透明的形式出现,如图 1-8 所示。

当要移动面板时,只需要对面板顶部的标题栏按下左键拖动鼠标即可拖动面板移动到一个新的位置,可以移动到窗口的顶部、左边或右边;当要关闭面板时,直接单击关闭按钮 ✖ 便可关闭面板;当要打开面板时,直接单击 Panels 按钮,弹出相应的菜单,如图 1-5 所示,然后选择相应的面板即可。

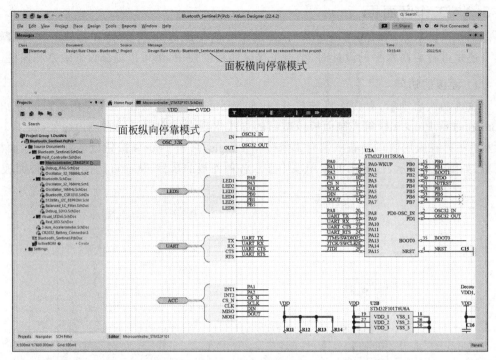

图 1-6　面板停靠模式

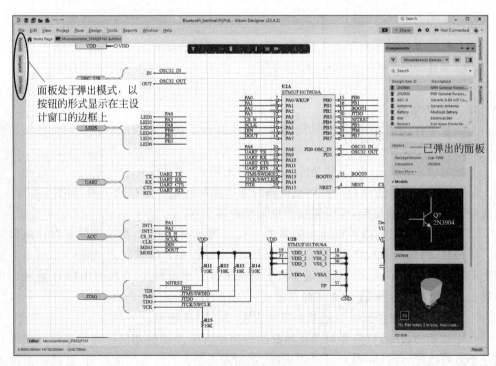

图 1-7　面板弹出模式

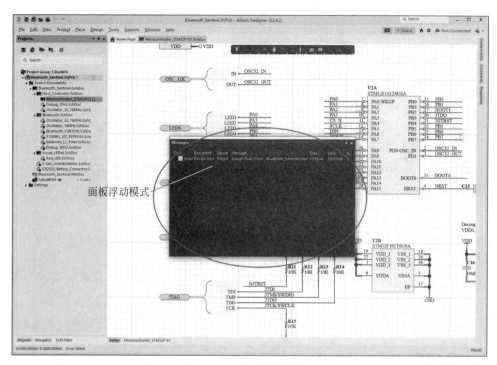

面板浮动模式

图 1-8　面板浮动模式

1.3.4　用户工作区

工作区位于界面的中间,是用户编辑各种文档(原理图、PCB 图等)的区域。

1.4　Altium Designer 22 软件参数设置

使用软件前,对系统参数进行设置是重要的环节。在 Altium Designer 22 的操作环境中,在右上角单击图标 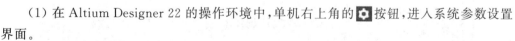 按钮,进入系统参数设置窗口,如图 1-9 所示。设置窗口采用树状导航结构,可对 11 个选项内容进行设置,现在主要介绍系统相关参数的设置方法,其余参数设置在后续项目章节进行介绍。

Altium
Designer 22
软件参数
设置

1.4.1　主题的切换

Altium Designer 22 提供了两种主题,相比于科技黑主题,经典明亮主题显得更简明。主题切换方法如下。

(1) 在 Altium Designer 22 的操作环境中,单机右上角的 按钮,进入系统参数设置界面。

(2) 单击选中 System→View 选项卡,在 UI Theme 选项区进行切换,如图 1-10 所示,此处切换成 Altium Light Gray。

(3) 单击 OK 按钮,接着在弹出的对话框中单击 OK 按钮。

(4) 关闭 Altium Designer 22 软件,然后重新打开即可切换为明亮主题。

科技黑主题与明亮主题的对比如图 1-11 和图 1-12 所示。

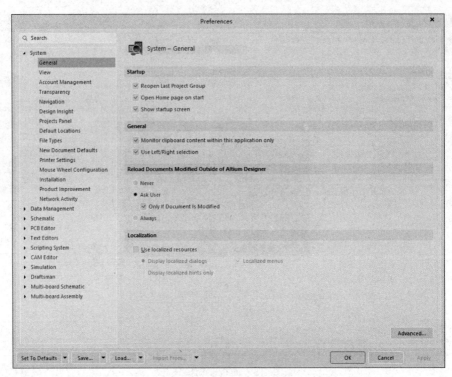

图 1-9　Preferences 设置窗口

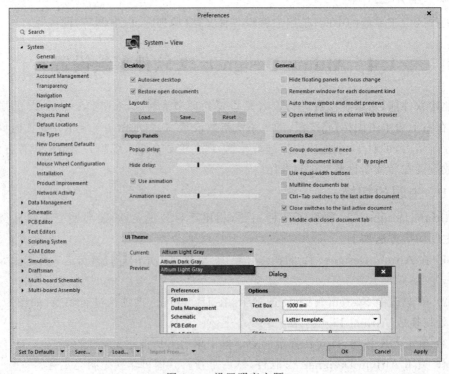

图 1-10　设置明亮主题

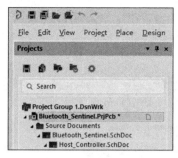

图 1-11　科技黑主题

图 1-12　明亮主题

1.4.2　切换英文编辑环境到中文编辑环境

选择系统参数设置界面中的 System→General 命令,系统将弹出 Preferences 设置窗口。该界面包含了 4 个设置区域,分别是 Startup、General、Reload Documents Modified Outside of Altium Designer、Localization 选项区。

在 Localization 选项区中,选中 Use Localized resources 复选框,如图 1-13 所示,系统会弹出提示框,单击 OK 按钮,然后在 Preferences 窗口中单击 Apply 按钮,使设置生效,再单击 OK 按钮,退出设置界面,关闭软件,重新启动 Altium Designer 软件,即可进入中文编辑环境,如图 1-14 所示。后面的介绍将在明亮主题且中文编辑环境下进行。

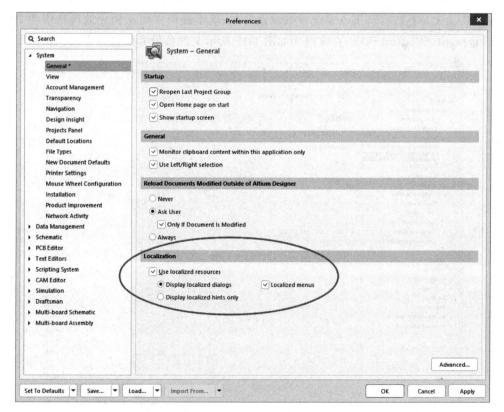

图 1-13　Preferences 设置窗口

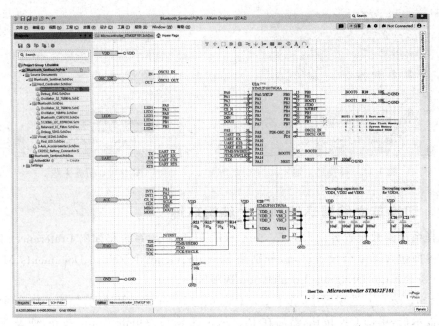

图 1-14   Altium Designer 中文编辑环境

1.4.3   系统备份设置

单击右上角 ![设置]按钮,进入系统参数设置界面,单击选择界面左侧导航窗格中的 Data Management→Backup 选项,右窗格为如图 1-15 所示文件备份参数设置界面。

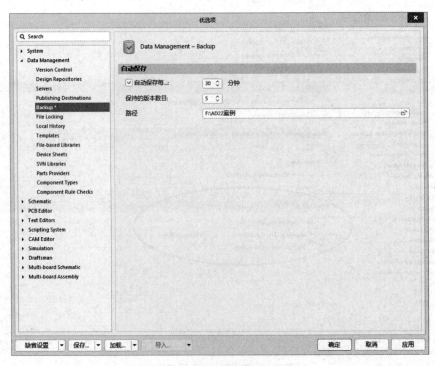

图 1-15   文件备份参数设置界面

　　"自动保存"(Auto Save)选项区主要用来设置自动保存的一些参数。选中"自动保存每..."(Auto Save Every)复选框,可以在时间微调框中设置自动保存文件的时间间隔,最长时间间隔为 120 分钟。"保存的版本数目"(Number of versions to keep)微调框用来设置自动保存文档的版本数,最多可保存 10 个版本。"路径"(Path)设置编辑框用来设置自动保存文档的路径,可根据自己的需要进行设置。

1.4.4　设置文件保存路径

　　单击右上角 ⚙ 按钮,进入系统参数设置界面,单击选择左侧导航窗格中的 System→Default Locations 选项,右窗格中为如图 1-16 所示设置界面。

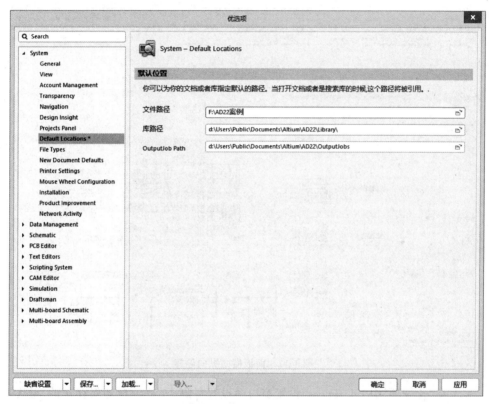

图 1-16　文件保存路径

　　在"文件路径"文本框中可以设置 PCB 等工程的保存路径,在"库路径"文本框中可指定元器件库的保存路径,这里可以用安装软件时的路径(默认值),在 OutputJob Path 文本框中设置输出文件的保存路径,这里用默认值。

本 章 小 结

　　本章介绍了 Altium Designer 22 软件的安装、激活,软件的界面及常用参数的设置。随着时间的推移,相信会有更多的新功能推出以满足工程师们的需求。作为电子设计工程师,应当不断学习和体验软件推出的新功能,以提高设计效率。同时,虽然软件在不断更新换代,但是基本的功能还是大同小异的,应该先打好基础,然后在此基础上去加以提高。

习　题　1

(1)完成 Altium Designer 22 的安装及激活。

(2)打开 Projects、Navigator 面板,并让其按照标准标签分组、纵向停靠的方式显示。打开 Messages 面板,让其按照横向停靠方式的显示在上方,如图 1-17 所示。

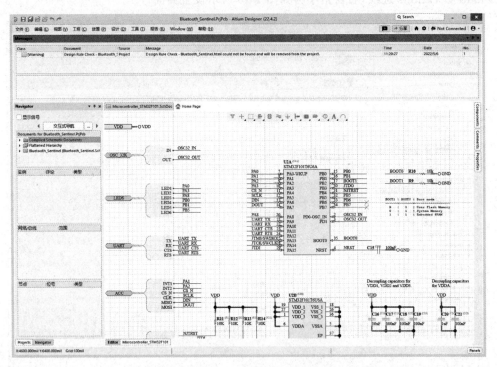

图 1-17　面板横向纵向停靠

(3)在"优选项"(Preferences)设置窗口中设置每隔 15 分钟自动保存文件,最大保存文件数设置为 5,保存路径设置在桌面。

(4)在"优选项"(Preferences)窗口中设置面板在操作的过程中,保持浮动面板透明化。

(5)访问 Altium Designer 官网(https://www.altium.com.cn/),观看官方功能演示视频。

第 2 章

绘制电源模块原理图

任务描述

本章通过一个简单的实例说明如何创建一个新的项目（或工程），如何创建原理图图纸，如何绘制电路原理图，如何检查电路原理图中的错误。任务中将以电源模块电路为例，进行相关知识点的介绍，电源模块电路原理图如图 2-1 所示。通过本章的学习，设计者能进行简单原理图的绘制，了解原理图模块的基本功能。

绘制电源
模块原理图

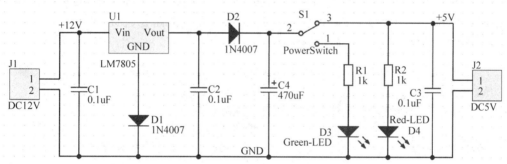

图 2-1　电源模块原理图

2.1　项目及项目组介绍

项目（Project）是每项电子产品设计的基础，Project 可以翻译为"项目"或"工程"，一个项目包括所有文件之间的关联和设计的相关设置。一个项目文件，例如 xxx. PrjPCB 是一个 ASCII 文本文件，它包括项目里的文件和输出的相关设置，比如原理图文件、PCB 图文件、各种报表文件、保留在项目中的所有库或模型、打印设置和 CAM 设置等。项目还能存储选项设置，例如错误检查设置、多层连接模式等。当项目被编译的时候，设计、校验、同步和对比都将一起进行，任何原理图或 PCB 图的改变都将在编译的时候被更新。一个项目文件类似 Windows 系统中的"文件夹"，在项目文件中可以执行对文件的各种操作，如新建、打开、关闭、复制与删除等。但需注意的是，项目文件只是起到管理的作用，在保存文件时，项目中的各个文件是以单个文件的形式保存的。

那些与项目没有关联的文件称作自由文件（Free Documents）。项目大约有 3 种类型,即 PCB 项目、脚本项目和集成库项目。Altium Designer 允许通过 Projects 面板访问与项目相关的所有文档。

Project Group(项目组)比项目高一层次,可以通过 Project Group(项目组)连接相关项目,设计者通过 Project Group(项目组)可以轻松访问目前正在开发的某种产品相关的所有项目。

2.2　创建一个新项目(工程)

Altium Designer 启动后会自动新建一个默认名为 Project Group 1. DsnWrk 的项目组,设计者可直接在该默认项目组下创建项目,也可自己新建项目组。

建立一个新项目的步骤对各种类型的项目都是相同的。下面将以 PCB 项目为例,首先创建一个项目文件,然后创建一个空的原理图图纸以添加到新的空项目中。

(1) 在 F 盘下建立一个文件夹,如"F:\AD22 案例";然后在菜单栏选择"文件(F)"→"新的(N)"→"项目(J)"命令,弹出 Create Project 对话框,如图 2-2 所示。在 LOCATIONS(位置)栏选择 Local Projects(本地项目);在 Project Type(项目类型)栏选 PCB→<Empty>;在 Project Name(项目名字)文本框中输入项目的名字,这里输入"电源模块";在 Folder(文件夹)文本框中输入 PCB 项目保存的路径,在这里按 按钮,选择"F:\AD22 案例"文件夹;单击 Create 按钮。

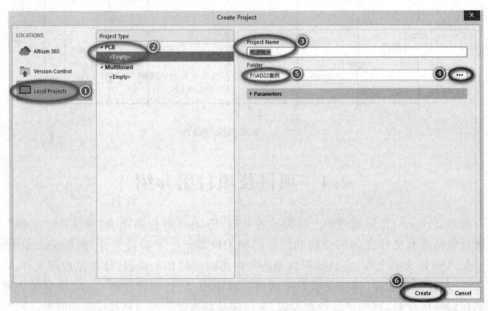

图 2-2　创建 PCB 项目方法

注意:在 Project Name 文本框中输入项目的名字,如"电源模块",系统会在相应的文件夹内以"电源模块"建立文件夹,建立的项目文件、原理图及 PCB 等文件都将保存在该文件夹内,如图 2-26 所示电源模块文件夹保存的文件。

(2) Projects 面板出现。生成新的项目文件,包括"电源模块. PrjPcb"与 No Documents

Added 文件夹,如图 2-3 所示。

图 2-3　新建的项目文件

下面,将创建一个原理图并添加到空项目文件中。

2.3　创建一个新的原理图图纸

2.3.1　创建一个新的原理图图纸的步骤

(1)选择"文件(F)"→"新的(N)"→"原理图(S)"命令,一个名为 Sheet1.SchDoc 的空白原理图图纸出现在设计窗口中,并且该原理图自动地添加(连接)到项目当中。这个原理图图纸会在项目的 Source Documents 文件夹下,如图 2-4 所示。

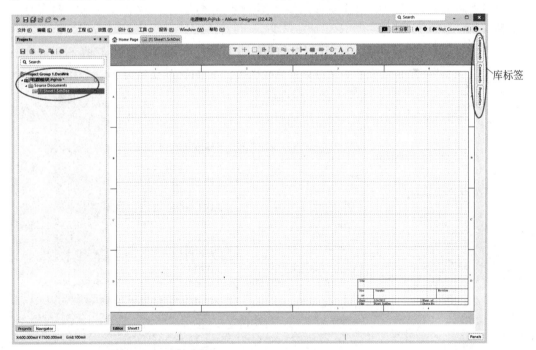

图 2-4　新建空白原理图图纸

(2)通过选择"文件(F)"→"另存为(A)"命令来将新原理图文件重命名,指定设计者要把这个原理图保存在设计者硬盘中的位置,在文件名文本框中输入"电源模块"(扩展名为 .SchDoc),并单击"保存"按钮,原理图名被另存为电源模块.SchDoc,如图 2-5 所示。

（3）当空白原理图纸打开后，设计者将注意到工作区发生了变化。绘制工具栏增加了一组新的按钮。现在工作环境即为原理图编辑器。

2.3.2 将原理图图纸添加到项目

如果想添加一个原理图图纸到项目文件夹中，如图 2-6 所示，可以在 Projects 面板的 Free Documents 下的 Source Documents 文件夹下用鼠标拖动要移动的文件"电源模块.SchDoc"到目标项目文件夹下的"电源模块.PrjPcb"下即可，完成后如图 2-5 所示。

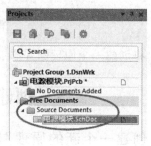

图 2-5　重命名"电源模块.SchDoc"原理图文件　　图 2-6　自由文件夹下的原理图

2.3.3 设置原理图选项

在绘制电路图之前首先要做的是设置合适的文档选项。以下为设置文档选项的步骤。

（1）在屏幕右上角，单击参数设置按钮⚙，进入系统参数设置窗口，选择 Schematic→General 选项，将图纸尺寸设置为标准风格 A4（也可以不修改，默认值为 A4），如图 2-7 所示。

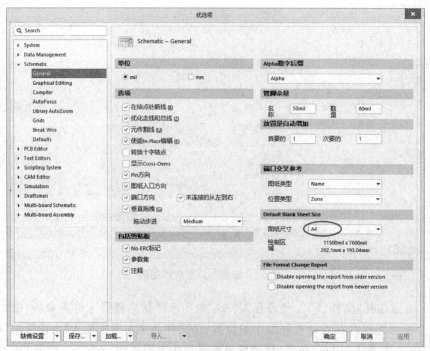

图 2-7　修改图纸尺寸

（2）为将文件再全部显示在可视区，选择"查看（V）"→"适合文件（D）"命令。在 Altium Designer 中，设计者可以通过按快捷键（在菜单项中带下划线的字母）来激活任何菜单命令。例如，对于选择"查看（V）"→"适合文件（D）"命令的快捷键就是在按了 V 键后再按 D 键即可。

2.4　绘制原理图

现在准备开始绘制原理图。本节我们将使用图 2-1 所示的电路。

2.4.1　在原理图中放置元器件

为了管理数量巨大的元器件库，Altium Designer 电路原理图编辑器提供强大的库搜索功能。本例需要的元器件已经在默认的安装库（Miscellaneous Devices. IntLib、Miscellaneous Connectors. intlib）中，所以直接在这 2 个库中放置元器件即可。如何从库中搜索元器件，将在第 7 章加以介绍。

1. 从默认的安装库中放置三端稳压器

（1）从菜单选择"查看"→"适合文件"（热键 V、D）命令确认设计者的原理图纸显示在整个窗口中。

（2）单击"库标签"按钮（如图 2-4 所示新建空白原理图图纸）以显示"库"（Components）面板，如图 2-8 所示。

（3）U1 是型号为 LM7805 的三端稳压集成电路，该三端稳压器放在 Miscellaneous Devices. IntLib 集成库内，从"库…"（Components）面板"安装的库名"下拉列表中选择 Miscellaneous Devices. IntLib 来激活这个库。

（4）使用"元器件过滤器"可快速定位设计者需要的元器件。通配符（＊）可以列出所有能在库中找到的元器件。在"元器件过滤器"文本框内输入 volt 设置过滤器，将会列出所有包含 volt 的元器件。

（5）在列表中单击选择并在 Volt Reg 上右击，在弹出的快捷菜单中选择 Place Volt Reg 命令，如图 2-9 所示，进入原理图。

此时光标将变成十字状，并且在光标上"悬浮"着一个三端稳压器的轮廓。现在处于元器件放置状态，如果移动光标，三端稳压器轮廓也会随之移动。

（6）在原理图上放置元器件之前，首先要编辑其属性。在三端稳压器悬浮在光标上时，按下 Tab 键，将打开 Properties（元器件属性）对话框，如图 2-10 所示。

图 2-8　Components 面板

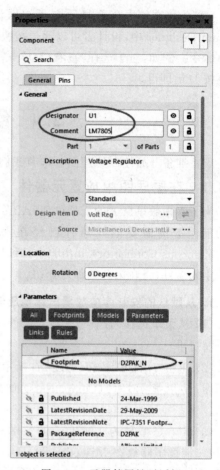

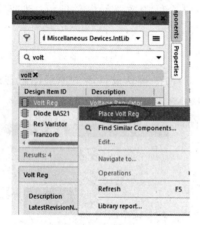

图 2-9　放置元件　　　　　　　　图 2-10　元器件属性对话框

（7）在 General 选项区中,在 Designator 文本框中输入 U1 以将其值作为第一个元器件序号。

（8）在 Comment(注释)文本框中输入 LM7805。

（9）下面检查在 PCB 中用于表示元器件的封装。在本教程中,我们已经使用了集成库,这些库已经包括了封装和电路仿真的模型。确认在 Footprint 下拉列表中含有默认的模型名 D2PAK_N 的封装,保留其余属性为默认值,在编辑区内按 ⏸ 按钮,进入原理图编辑界面。

在 General 选项区中包括两个重要属性 Designator 和 Comment。

（1）Designator。元器件位号,元器件的唯一标识,用来标识原理图中不同的元器件,常用的有 U?(IC 类)、R?(电阻类)、C?(电容类)、J?(接口类)。

（2）Comment。元器件注释,通常用来设置元器件的型号,如 IC 的芯片型号。

现在准备放置元器件,步骤如下。

（1）移动光标(附有三端稳压器符号)到图纸中间偏左一点的位置,当设计者对三端稳压器的位置满意后,单击或按 Enter 键将三端稳压器放在原理图上。

（2）移动光标，设计者会发现三端稳压器的一个复制品已经放在原理图纸上了，而目前编辑状态仍然处于在光标上悬浮着元器件轮廓的元器件放置状态，Altium Designer 的这个功能让设计者可以一次性放置许多相同型号的元器件。

（3）放完了三端稳压器，右击或按 Esc 键退出元器件放置状态，光标会恢复到标准箭头形式。

2. 放置单刀双掷开关

（1）在库面板中，确认 Miscellaneous Devices. IntLib 库为当前。在库名下的过滤器栏里输入 SW-SPDT * 来设置过滤器。

（2）在元器件列表中单击选择 SW-SPDT，可以双击放置 SW-SPDT，进入原理图编辑界面，现在设计者会有一个"悬浮"在光标上的单刀双掷开关符号。

（3）按 Tab 键编辑电阻的属性。在对话框的 General 选项区，在 Designator 文本框中输入 S1 以将其值作为第二个元器件序号。

（4）在 Comment（注释）文本框中输入 PowerSwitch。

（5）检查在 PCB 中用于表示元器件的封装。其余属性保留为默认值，在编辑区内按 🔟 按钮，进入原理图编辑界面。

（6）为了将元器件的位置放得更精确些，按 PageUp 键两次以放大两倍，现在设计者能看见栅格线了。

（7）将单刀双掷开关放在三端稳压器右边平行的位置上，如图 2-1 所示。

3. 放置四个二极管

（1）在库面板中，确认 Miscellaneous Devices. IntLib 库为当前库。在库名下的过滤器栏里输入 Diode * 来设置过滤器。

（2）在元器件列表中单击选择并在 Diode 1N4007 上右击，在弹出的快捷菜单中选择 Place Diode 1N4007 命令，进入原理图编辑界面，现在编辑状态会有一个"悬浮"在光标上的二极管符号。

（3）按 Tab 键编辑二极管的属性。在对话框的 General 选项区，在 Designator 文本框中输入 D1 以将其值作为元器件序号。

（4）在 Comment（注释）文本框中删除 Diode，保留 1N4007。

（5）将检查在 PCB 中用于表示元器件的封装。其余属性保留为默认值，在编辑区内按 🔟 按钮，进入原理图编辑界面。

（6）当二极管符号"悬浮"在光标上时，按 Space（空格键）将二极管旋转 90°，位置确定后，按 Enter 键放置元器件。

（7）继续按 Enter 键，放置 D2。

（8）放置发光二极管 D3、D4，在库名下的过滤器栏里输入 LED 来设置过滤器，在 D3 的 Comment（注释）文本框中输入 Green-LED，在 D4 的 Comment（注释）文本框中输入 Red-LED，用已熟悉的方法放置 D3、D4。

（9）放完所有二极管后，右击或按 Esc 键退出元器件放置模式。

4. 放置两个电阻

(1) 在库面板中,确认 Miscellaneous Devices.IntLib 库为当前库。在库名下的过滤器栏里输入 Res1 来设置过滤器。

(2) 在元器件列表中单击选择并在 Res2 上右击,在弹出的快捷菜单中选择 Place Res2 命令,进入原理图编辑界面,现在编辑状态会有一个"悬浮"在光标上的电阻符号。

(3) 按 Tab 键编辑电阻的属性。在对话框的 General 选项区,在 Designator 文本框中输入 R1 以将其值作为元器件序号。

(4) 若希望对话框的 General 选项区中 Comment 文本框的内容不显示,可单击 Comment 文本框右边的眼睛状 ◉ 按钮,使其上的图标变为 ◎,如图 2-11 所示。

(5) PCB 元件的内容由原理图映射过去,所以在 Parameters 选项区将 R1 的值(Value)改为 1k,如图 2-11 所示。

(6) 在 Footprint 下拉列表中确定封装 AXIAL-0.4 已经被包含,如图 2-11 所示,单击 ⏸ 按钮,返回放置模式。

(7) 按 Space(空格键)将电阻旋转 90°。

(8) 将电阻放在 D1 发光二极管上边(如图 2-1 中所示的原理图),然后单击或按 Enter 键放下元器件。

(9) 接下来在 D2 发光二极管上边放另一个 1kΩ 电阻 R2。

(10) 放完所有电阻后,右击或按 Esc 键退出元器件放置模式。

5. 放置三个电容

(1) 在库面板的元器件过滤器栏输入 Cap。

(2) 在元器件列表中单击选择并在 Cap 上右击,在弹出的快捷菜单中选择 Place Cap 命令,进入原理图编辑界面,现在编辑状态的光标上悬浮着一个电容符号。

图 2-11 隐藏 Comment 文本框内容

(3) 按 Tab 键编辑电容的属性。在 Properties 对话框的 General 选项区,设置 Designator 为 C1;设置 Comment 文本框的内容不显示,单击 Comment 文本框右边的 ◉ 按钮,使图标变为 ◎;在 Parameters 选项区将 C1 的值(Value)改为 0.1uF;检查 PCB 封装模型为 RAD-0.3 被添加到 Footprint 列表中。

(4) 检查设置正确后,进入原理图返回放置模式,放置电容 C1、C2、C3,放好后右击或按 Esc 退出放置模式。

6. 放置电解电容

（1）在库面板的元器件过滤器栏输入 Cap Pol2。

（2）在元器件列表中单击选择并在 Cap Plo2 上右击，在弹出的快捷菜单中选择 Place Cap Plo2 命令，进入原理图编辑界面，现在编辑状态的光标上悬浮着一个电容符号。

（3）按 Tab 键编辑电容的属性。在 Properties 对话框的 General 选项区，设置 Designator 为 C4；设置 Comment 文本框的内容不显示，单击 Comment 文本框右边的按钮 ⊙，使图标变为 ⊠；在 Parameters 选项区将 C4 的值（Value）改为 470uF；检查 PCB 封装模型为 POLAR 0.8 被添加到 Footprint 列表中。

（4）检查设置正确后，进入原理图返回放置模式，放置 C4，放好后右击或按 Esc 退出放置模式。

注意：如果在放置元器件时，元器件的位号、封装、值如果有误，可以双击需要修改的元器件，弹出 Component 对话框，如图 2-12（a）所示，在相应位置修改错误即可。要显示元器件的封装，按封装栏的 Show 按钮，如图 2-12（b）所示。

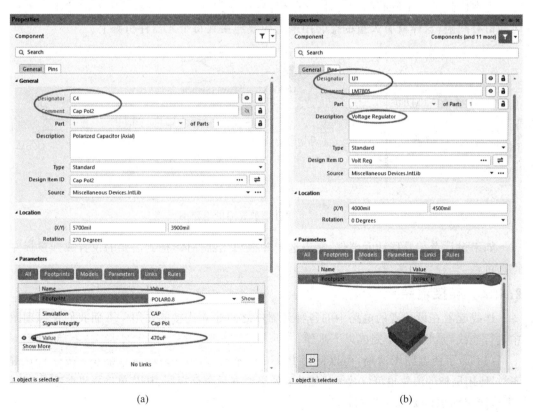

(a)　　　　(b)

图 2-12　Component 属性对话框

7. 放置连接器

连接器在 Miscellaneous Connectors.IntLib 库里。从库面板"安装的库名"下拉列表中选择 Miscellaneous Connectors.IntLib 来激活这个库。

（1）我们想要的连接器是两个引脚的插座，所以设置过滤器为 H＊2＊，通配符（＊）可以列出所有能在库中找到的元器件。

（2）在元器件列表中选择并在 Header 2 上右击，在弹出的快捷菜单中选择 Place Header 2 命令。按 Tab 编辑其属性并设置 Designator 为 J1，在 Comment 文本框中输入 DC12V，检查 PCB 封装模型为 HDR1X2。

（3）如果设计者查阅原理图（图 2-1），设计者会发现 J1 与 J2 是镜像的。要将悬浮在光标上的 J1 翻转过来，按 X 键，这样可以使元器件水平翻转；如按 Y 键，可以使元器件垂直翻转。

注意：按 X 键使元器件水平翻转，而按 Y 键则使元器件垂直翻转，且输入方式一定要为"英文"，而在"中文"输入方式下无效。

（4）放置连接器 J2，在 Comment 文本框中输入 DC5V，检查 PCB 封装模型为 HDR1X2，放置完后，右击或按 Esc 键退出放置模式。

（5）从菜单选择"文件"→"保存"（快捷键 F、S）命令保存设计者的原理图。

现在已经放完了所有的元器件。元器件的摆放如图 2-13 所示，从中可以看出元器件之间留有间隔，这样就有大量的空间用来将导线连接到每个元器件引脚上。

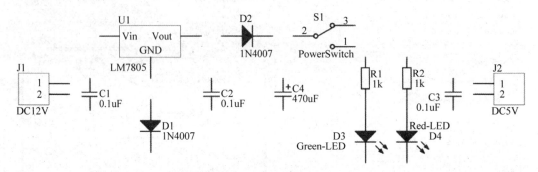

图 2-13　元器件摆放完后的电路图

如果设计者需要移动元器件，左击选中并拖动元器件体，拖到需要的位置放开鼠标左键即可。

2.4.2　连接电路

连线起着在设计者的电路中的各种元器件之间建立连接的作用。下面我们在原理图中进行连线，参照图 2-1 完成以下步骤。

（1）为了使电路图清晰，可以使用 PgUp 键来放大，或 PgDn 键来缩小；按住 Ctrl 键不放，使用鼠标的滚轮也可以放大或缩小；如果要查看全部视图，从菜单选择"查看(V)"→"适合所有对象(F)"命令即可。

（2）先将连接器 J1 与三端稳压器 U1 的 Vin 角连接起来。从菜单选择"放置(P)"→"线(W)"命令或从连线工具栏单击 ≋ 工具进入连线模式，光标将变为十字形状。

（3）将光标放在 J1 的 1 脚，当设计者放对位置时，一个红色的连接标记会出现在光标处，表示光标在元器件的一个电气连接点上，如图 2-14 所示。

（4）左击或按 Enter 键固定第一个导线点，移动光标则会看见一根导线从光标处延伸到固定点。

（5）将光标移到 U1 的 Vin 脚上，设计者会看见光标变为一个红色连接标记，如图 2-14 所示，单击或按 Enter 键在该点固定导线。在第一个和第二个固定点之间的导线就放好了。

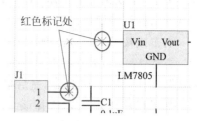

图 2-14　连线时的红色标记

（6）完成了这根导线的放置，注意光标仍然为十字形状，此时可放置其他导线。要完全退出放置模式恢复箭头光标，应该再一次右击或按 Esc 键，但现在还不能这样做。

（7）现在我们要将 U1 的 GND 脚连接到 D1 上。将光标放在 U1 的 GND 脚，看见红色标记单击或按 Enter 键开始新的连线，移动光标到 D1 的引脚上，看见红色标记左击，这样放置好了第 2 根线。注意观察两条导线是怎样自动连接上的。

（8）参照图 2-1 连接电路中的剩余部分。

（9）在完成所有的导线之后，右击或按 Esc 键退出放置模式，光标恢复为箭头形状。

2.4.3　网络与网络标记

彼此连接在一起的一组元器件引脚的连线称为网络（Net）。例如，一个网络包括 LM7805 的 Vout、D2 的一个引脚和 C2 的一个引脚。

在设计中识别重要的网络是很容易的，设计者可以添加网络标记（Net Label）。

在电源网络上放置网络标记方法如下。

（1）从菜单选择"放置（P）"→"网络标签（N）"命令或者在工具栏上单击 Netl 按钮。一个带点的 Netlabel1 框将悬浮在光标上。

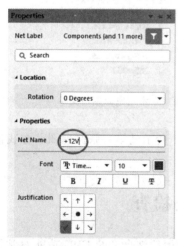

图 2-15　网络标记 Properties 面板

（2）在放置网络标记之前应先编辑其属性，按 Tab 键，弹出 Properties 面板，如图 2-15 所示。

（3）在 Net Name 文本框中输入+12V，返回原理图。

（4）在电路图上，把网络标记放置在连线的上面，当网络标记跟连线接触时，光标会变成红色十字准线，左击或按 Enter 键即可（注意：网络标记一定要放在连线上）。

（5）放完第一个网络标记后，此时编辑状态仍然处于网络标记放置模式，在放第二个网络标记之前再按 Tab 键进行编辑。

（6）在 Net Name 文本框中输入+5V，返回原理图，放置在 J2 的连线上。

（7）在 Net Name 文本框中输入 GND，返回原理图，网络标记 GND 放在最下面的线上，右击或按 Esc 键退出放置网络标记模式。

（8）选择"文件"→"保存"（快捷键 F、S）命令保存电路。

如果电路图有某处画错了，则需要删除，方法如下。

方法 1：从菜单栏选择"编辑(E)"→"删除(D)"命令，然后选择需要删除的元器件、连线或网络标记等即可。

右击或按 Esc 键退出删除状态。

方法 2：可以先选择要删除的元器件、连线或网络标记等，选中的元器件有绿色的小方块包围住如图 2-16 所示，然后按 Delete 键即可。

如果想移动某连线，选择该线，按下左键拖动鼠标，移到目的地即可。

如果想移动某元器件，让连接该元器件的连线一起移动，选择该元器件，按下左键拖动鼠标，移到目的地即可。

2.4.4 放置电源及接地

对于原理图设计，Altium Designer 专门提供一种电源和接地的符号，是一种特殊的网络标签，可以让设计师比较形象地识别。

(1) 单击执行图标命令 ⏚ 按钮，可以直接放置接地符号。

(2) 单击执行图标命令 ⏚ 按钮，可以直接放置电源符号。

(3) 右击工具栏中的图标命令 ⏚ 按钮右下角的黑三角形符号，可以打开如图 2-17 所示的常用电源端口下拉菜单，选择自己想要放置的端口类型进行放置即可。

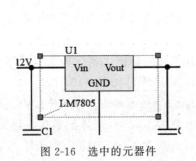

图 2-16 选中的元器件　　　　　　　　图 2-17 常用电源端口菜单

至此，设计者已经用 Altium Designer 完成了如图 2-1 所示的第一张原理图。在我们将原理图转为电路板之前，还需要进行工程的检查。

2.5 原理图的编译与检查

在设计完原理图之后、设计 PCB 之前，设计者可以利用软件自带的 ERC 功能对常规的一些电气性能进行检查，避免一些常规性错误和查漏补缺，以及为正确完整地导入 PCB 进行电路设计做准备。

2.5.1 原理图编译的设置

(1) 在原理图编辑界面内，打开菜单选择"工程(C)"→Project Options 命令，弹出原理图编译参数设置对话框,如图 2-18 所示,单击选中 Error Reporting 选项卡。

① 在 Error Reporting 选项卡的"冲突类型描述"栏显示的是"编译查错对象"。

② 在 Error Reporting 选项卡的"报告格式"栏显示的是"报告显示类型"。

- 不报告:对检查出来的结果不进行报告显示。

- 警告:对检查出来的结果只是进行警告。

- 错误:对检查出来的结果进行错误提示。

- 致命错误:对检查出来的结果提示严重错误,并给予红色表示。

如果需要对某项进行检查,建议选择"致命错误",这样比较明显并具有针对性,方便查找定位。

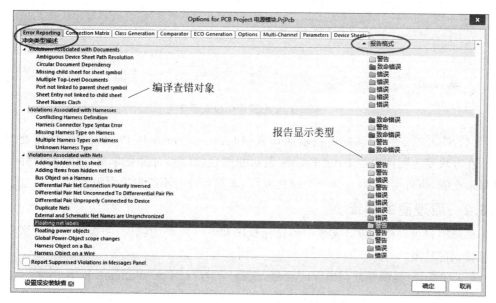

图 2-18 原理图编译参数设置对话框

(2) 对常规检查来说,集中检查以下对象。

① Duplicate Part Designators:存在重复的元器件位号,如图 2-19 所示。

② Floating net labels:存在悬浮的网络标签。

③ Floating power objects:存在悬浮的电源端口。

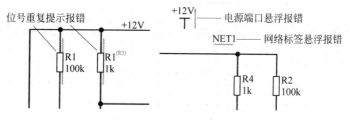

图 2-19 常见编译错误

(3) 在原理图编译参数设置对话框中单击选中 Connection Matrix 选项卡,如图 2-20 所示。

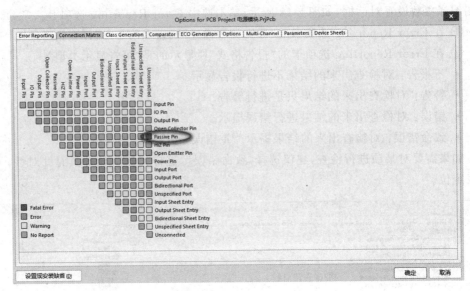

图 2-20　设置错误检查条件

(4) 单击图 2-20 中圆框所指示的地方(即 Unconnected 与 Passive Pin 相交处的方块),在方块变为图例中的 Fatal Errors 表示的颜色(红色)时停止单击,表示元器件管脚如果未连线,报告错误(默认是一个绿色方块,表示运行时不给出错误报告)。

2.5.2　原理图的编译

编译项目可以检查设计文件中的设计草图和电气规则的错误,并提供给设计者一个排除错误的环境。

(1) 要编译"电源模块.PrjPcb"项目,选择"工程(C)"→"Validate PCB Project 电源模块.PrjPcb"命令(AD20 以前的软件版本显示的是"工程(C)"→"Compile PCB Project 电源模块.PrjPcb",功能一样)。

(2) 当项目被编译后,任何错误都将显示在 Messages 面板上,如果电路图有严重的错误,Messages 面板将自动弹出,否则 Messages 面板不出现。

(3) 如果想查看 Messages 面板的信息,单击右下角 Panels 按钮,弹出下拉菜单,选择 Messages 命令,弹出 Messages 面板,如图 2-21 所示,显示信息"Compile successful, no erroes found."(编译成功,没有发现错误)。

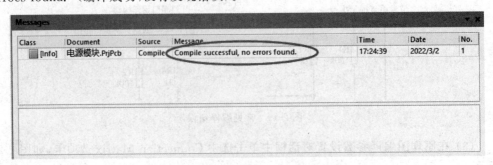

图 2-21　原理图检查成功没有错误

如果 Messages 面板报告给出错误,则设计者需要检查电路并纠正错误。

现在故意在电路中引入一个错误,并重新编译一次项目。

(1) 在设计窗口的顶部单击电源模块.SchDoc 标签,以使原理图为当前文档。

(2) 将电路图中的某处连线断开。从菜单选择"编辑(E)"→"打破线(W)"命令,光标处"悬浮"着一个切断连线的符号(图 2-22),将该符号放在连线上单击,即将连线切断,如图 2-23 所示。要退出该状态,右击即可。

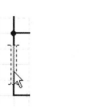
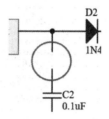

图 2-22　切断连线的符号　　　　　图 2-23　制造一个错误

(3) 重新编译项目(选择"工程"→"Validate PCB Project 电源模块.PrjPcb"命令)来检查错误,自动弹出 Messages 窗口如图 2-24 所示,指出错误信息,即 C2-2 脚没有连接。

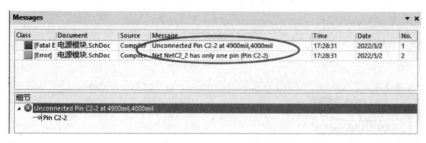

图 2-24　给出错误信息

(4) 双击 Messages 面板中的错误或者警告,直接跳转到原理图相应位置去检查或修改错误。

(5) 将删除的线段连通以后,重新编译项目(选择"工程"→"Validate PCB Project 电源模块.PrjPcb"命令)来检查。Messages 面板没有自动弹出,表示没有错误信息。

(6) 从菜单选择"查看"→"适合所有对象"(快捷键 V、F)命令恢复原理图视图,并保存没有错误的原理图。如果原理图或工程文件没有保存,相应右边的图标 □ 为红色,如图 2-25 所示。

"电源模块.PrjPcb"项目文件的 Projects 面板上分类统计了元器件的数量及有哪些导线,如图 2-25 所示;"电源模块.PrjPcb"项目文件保存的文件夹,如图 2-26 所示。

注意:在新建工程(项目)时,设计者在如图 2-2 所示创建 PCB 项目方法时,在 Project Name 栏输入项目的名字,如"电源模块",系统会在相应的文件夹内以"电源模块"建立文件夹,建立的项目文件、原理图及 PCB 等文件都保存在该文件夹内,如图 2-26 所示。

现在已经完成了设计并且检查了原理图,下一任务将介绍创建电源模块的 PCB 文件。

图 2-25   Projects 面板

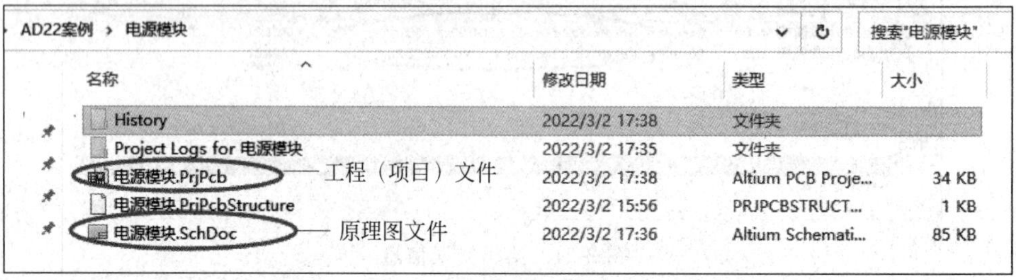

图 2-26   电源模块文件夹保存的文件

本 章 小 结

本章主要介绍了项目(工程)的含义,项目及原理图的创建,设计原理图的步骤,即建立 PCB 项目→建立原理图文件→放置元器件→连接电路→编译项目(检查原理图的错误)。

通过对项目文件进行良好管理,可以使工作效率得以提高,这是一名专业的电子设计工程师应有的素质。

习　题　2

(1) 简述电路原理图绘制的一般过程。

(2) 在硬盘上建立一个"练习"文件夹,在该文件下建立一个"练习.PrjPcb"的项目文件,并添加"练习. SchDoc"的原理图文件。

（3）打开 Bluetooth_Sentinel. PrjPcb 项目文件,文件所在目录为设计者安装 Altium Designer 软件所在硬盘的 \ Users \ Public \ Documents \ Altium \ AD22 \ Examples \ Bluetooth Sentinel 文件夹内。

① 仔细观察 Projects 面板内的树状目录结构,展开后再收缩导航树内容。

② 双击 Projects 面板中的 Bluetooth_Sentinel. SchDoc 文档,打开该原理图;双击 Microcontroller_STM32F101. SchDoc 文档,打开该原理图。仔细查看这两张原理图,学习原理图的设计技巧。

③ 双击 Bluetooth_Sentinel. PcbDoc 文件,认识 PCB 印制板图;双击打开 Projects 面板中更多的文件,了解库文件等方面的情况。

④ 右击文档栏上的文档标签,在弹出的快捷菜单中选择"并排所有"命令,这时所有打开的文档都显示在工作区内。

⑤ 单击并拖动任一文档标签,将其拖到另一文档标签的旁边,观察会出现什么情况。

⑤ 右击多个窗口中的任一标签,并在弹出的快捷菜单中选择"合并所有"命令,观察会出现什么情况。

⑦ 分别选择菜单 Windows→"平铺"命令,Windows→"水平平铺",Windows→"垂直平铺"命令,Windows→"水平放置所有的窗口"命令,Windows→"垂直放置所有的窗口"命令,Windows→"关闭文档"命令,Windows→"关闭所有"命令。观察设计窗口的变化。在原理图与 PCB 印制电路板图下,仔细观察菜单栏、工具栏的变化。

（4）绘制如图 2-27 和图 2-28 所示蜂鸣器电路、红外发射电路的原理图,要求用 A4 的图纸。

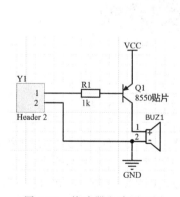

图 2-27　蜂鸣器电路原理图

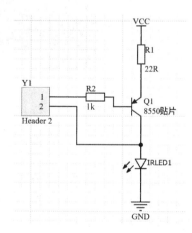

图 2-28　红外发射电路原理图

第3章

电源模块 PCB 图的设计

任务描述

本章利用第 2 章所画的电源模块电路原理图,完成电源模块印制电路板(PCB)的设计(见图 3-1)。同时介绍如何把原理图的设计信息更新到 PCB 文件中以及如何在 PCB 中布局、布线,如何设置 PCB 图的设计规则,PCB 图的三维显示等内容。通过第 2 章和第 3 章的学习,初步了解电路原理图、PCB 图的设计过程。

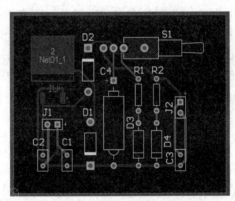

图 3-1　电源模块的 PCB 图

3.1　印制电路板的基础知识

将许多元器件按一定规律连接起来就组成了电子设备,而大多数电子设备组成元器件较多,如果用大量导线将这些元器件连接起来,不但连接麻烦,而且容易出错,使用印制电路板则可以有效解决这个问题。印制电路板,简称印制板,常使用英文缩写 PCB(Printed circuit board)表示,如图 3-2 所示。印制电路板的结构原理为,通过在塑料板上印制导电铜箔,从而用铜箔取代导线,只要将各种元器件安装在印制电路板上,铜箔就可以将它们连接起来组成一个电路。

1. 印制电路板的种类

根据层数分类,印制电路板可分为单面板、双面板和多层板。

(1) 单面板。单面印制电路板只有一面有导电铜箔,另一面没有。在使用单面板时,

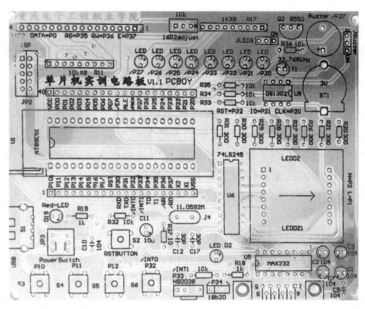

图 3-2　PCB 板

通常在没有导电铜箔的一面安装元器件,将元器件引脚通过插孔穿到有导电铜箔的一面,导电铜箔将元器件引脚连接起来就可以构成电路或电子设备。单面板成本低,但因为只有一面有导电铜箔,不适用于复杂的电子设备。

(2) 双面板。双面板包括两层,即顶层(Top Layer)和底层(Bottom Layer)。与单面板不同,双面板的两层都有导电铜箔,其结构如图 3-3 所示。双面板的每层都可以直接焊接元器件,两层之间可以通过穿过的元器件引脚连接,也可以通过过孔实现连接。过孔是一种穿透印制电路板并将两层的铜箔连接起来的金属化导电圆孔。

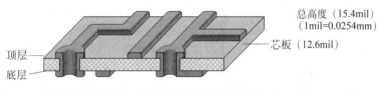

图 3-3　双面板示意图

(3) 多层板。多层板是具有多个导电层的电路板。多层板的结构如图 3-4 所示。它除了具有双面板一样的顶层和底层外,在内部还有导电层,内部层一般为电源或接地层,顶层和底层通过过孔与内部的导电层相连接。多层板一般是将多个双面板采用压合工艺制作而成的,适用于复杂的电路系统。

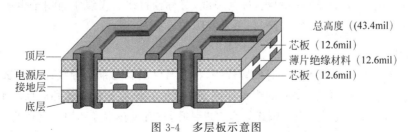

图 3-4　多层板示意图

2. 元器件的封装

印制电路板是用来安装元器件的,而同类型的元器件,如电阻,即使阻值一样,也有大小之分。因而在设计印制电路板时,就要求印制电路板上大体积元器件焊接孔的孔径要大、距离要远。为了使印制电路板生产厂家生产出来的印制电路板可以安装大小和形状符合要求的各种元器件,要求在设计印制电路板时,用铜箔表示导线,而用与实际元器件形状和大小相关的符号表示元器件。这里的形状与大小是指实际元器件在印制电路板上的投影,这种与实际元器件形状和大小相同的投影符号称为元器件封装。例如,电解电容的投影是一个圆形,那么其元器件封装就是一个圆形符号。

(1)元器件封装的分类。按照元器件安装方式,元器件封装可以分为直插式和表面粘贴式两大类。

典型直插式元器件封装外形及其 PCB 板上的焊接点如图 3-5 所示。在焊接直插式元器件时须先要将元器件引脚插入焊盘通孔中,然后焊锡。由于焊点过孔贯穿整个电路板,所以其焊盘中心必须有通孔,焊盘至少占用两层电路板。

典型表面粘贴式封装的 PCB 如图 3-6 所示。此类封装的焊盘只限于表面板层,即顶层或底层,采用这种封装的器件的引脚占用板上的空间小,不影响其他层的布线,一般引脚比较多的器件常采用这种封装形式,但是这种封装的器件手工焊接难度相对较大,多用于大批量机器生产。

图 3-5　穿孔安装式器件外形及其 PCB 焊盘　　图 3-6　表面粘贴式封装的器件外形及其 PCB 焊盘

(2)元器件封装的编号。常见元器件封装的编号原则为"元器件封装类型+焊盘距离(焊盘数)+元器件外形尺寸"。可以根据元器件的编号来判断元器件封装的规格。例如有极性的电解电容,其封装为 RB.2-.4,其中".2"为焊盘间距,".4"为电容圆筒的外径,"RB7.6-15"表示极性电容类元件封装,引脚间距为 7.6mm,元件直径为 15mm。

3. 铜箔导线

在印制电路板上以铜箔作为导线将安装在电路板上的元器件连接起来,所以铜箔导线简称为导线(Track)。印制电路板的设计工作主要是布置铜箔导线。

与铜箔导线类似的还有一种线,称为飞线,又称预拉线。飞线主要用于表示各个焊盘的连接关系,指引铜箔导线的布置,它不是实际的导线。

4. 焊盘

焊盘的作用是在焊接元器件时放置焊锡,将元器件引脚与铜箔导线连接起来。焊盘的形式有圆形、方形和八角形,常见的焊盘如图 3-7 所示。焊盘有针脚式和表面粘贴式两种,表面粘贴式焊盘无须钻孔;而针脚式焊盘要求钻孔,它有过孔直径和焊盘直径两个参数。

(a) 圆形焊盘　　(b) 方形焊盘　　(c) 八角形　　(d) 圆角方形　　(e) 表面粘贴焊盘

图 3-7　常见焊盘

在设计焊盘时,要考虑到元器件形状、引脚大小、安装形式、受力及振动大小等情况。例如,如果某个焊盘通过电流大、受力大并且易发热,可设计成泪滴状焊盘(将在第 10 章介绍)。

5. 助焊膜和阻焊膜

为了使印制电路板的焊盘更容易粘上焊锡,通常在焊盘上涂一层助焊膜。另外,为了防止在印制电路板上不应粘上焊锡的铜箔不小心粘上焊锡,在这些铜箔上一般要涂一层绝缘层(通常是绿色透明的膜),这层膜称为阻焊膜。

6. 过孔

双面板和多层板通常有两个以上的导电层,而导电层之间相互绝缘,如果需要将某一层和另一层进行电气连接,可以通过过孔实现。过孔的制作方法是在多层需要连接处钻一个孔,然后在孔的孔壁上沉积导电金属(又称电镀),这样就可以将不同的导电层连接起来。过孔主要有穿透式和盲过式两种形式,如图 3-8 所示。穿透式过孔从顶层一直通到底层,而盲过孔可以从顶层通到内层,也可以从底层通到内层。

(a) 穿透式过孔　　(b) 盲过孔

图 3-8　过孔的两种形式

过孔有内径和外径两个参数,过孔的内径和外径一般要比焊盘的内径和外径小。

7. 丝印层

除了导电层外,印制电路板还有丝印层。丝印层主要采用丝印印刷的方法在印制电路板的顶层和底层印制元件的标号、外形和一些厂家的信息。

3.2　创建一个新的 PCB 文件

在将原理图设计转换为 PCB 设计之前,需要创建一个有最基本的板子轮廓的空白 PCB。

(1) 启动 Altium Designer,打开“电源模块.PrjPCB”的项目文件,再打开“电源模块.SchDoc”的原理图。

(2) 产生一个新的 PCB 文件。选择主菜单中的“文件(F)”→“新的(N)”→PCB(P)命令,在“电源模块.PrjPcb”项目中新建一个名称为 PCB1.PcbDoc 的 PCB 文件。

(3) 如果添加到项目的 PCB 文件是以自由文件(Free Document)打开的,设计者可以直接将自由文件夹下的 PCB1.PcbDoc 文件拖到项目文件夹“电源模块.PrjPcb”下,这样这个 PCB 文件便被列在 Projects 下的 Source Documents 中,并与其他文件相连接。

(4) 在新建的 PCB 文件上右击,在弹出的下拉菜单中选择"保存"命令,弹出 Save [PCB1.PcbDoc] As 对话框。

(5) 在 Save[PCB1.PcbDoc] As 对话框的"文件名"文本框中输入"电源模块",单击 "保存"按钮,将新建的 PCB 文档保存为"电源模块.PcbDoc"文件,如图 3-9 所示。

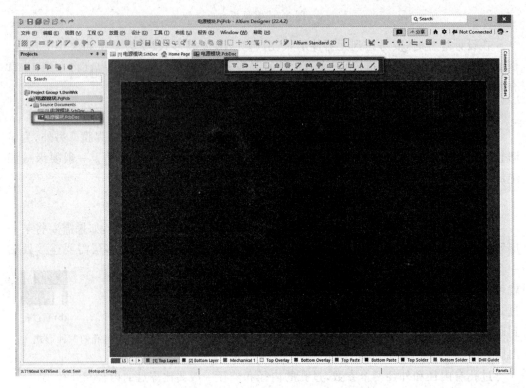

图 3-9   定义好的 PCB 板

3.3   用封装管理器检查所有元器件的封装

在将原理图信息导入新的 PCB 之前,请确保所有与原理图和 PCB 相关的库都是可用的。本例我们只是了解从原理图到 PCB 设计的流程,所以原理图中所有元器件的封装都用系统默认安装的集成库内的封装。为了掌握用封装管理器检查所有元器件封装的方法,设计者应执行以下操作。

在原理图编辑器内,选择"工具(T)"→"封装管理器(G)"命令,打开如图 3-10 所示封装管理器对话框。在该对话框的元器件列表区域,列出了原理图内的所有元器件。单击可选择每一个元器件,当选中一个元器件时,在对话框的右边的封装管理编辑框内会显示该元器件的封装,设计者可以在此添加、删除、编辑当前选中元器件的封装。如果对话框右下角的元器件封装区域没有出现,可以将鼠标指针放在"添加(A)"按钮的下方,按下左键拖动鼠标把这一栏的边框往上拉,就会显示封装图的区域。如果所有元器件的封装检查完全正确,单击"关闭"按钮关闭对话框。

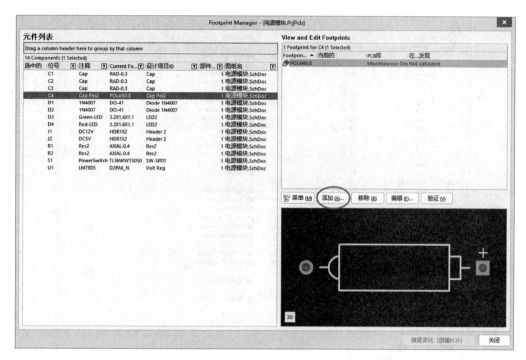

图 3-10　封装管理器对话框

3.4　导入设计-网络表同步(导网表)

如果工程已经编译好并且在原理图中没有任何错误,则可以使用 Update PCB 命令来产生 ECO(Engineering Change Orders,工程变更命令),它将把原理图信息导入目标 PCB 文件。

将工程中的原理图信息发送到目标 PCB 即更新 PCB 的步骤如下。

(1) 打开原理图文件"电源模块. SchDoc",选择"工程(C)"→"Validate PCB Project 电源模块. PrjPcb"命令,检查原理图正确与否,若没有错,执行下一步。

(2) 在原理图编辑器中选择"设计(D)"→"Update PCB Document 电源模块. PcbDoc"命令,弹出"工程变更指令"对话框,如图 3-11 所示。

(3) 单击"验证变更"按钮,验证一下有无不妥之处,如果执行成功则在状态列表(状态—检测)中将会显示 ✓ 符号;若执行过程中出现问题将会显示 ✗ 符号,关闭对话框,检查 Messages 面板查看错误原因,并清除所有错误。

(4) 如果单击"验证变更"按钮没有错误出现时,单击"执行变更"按钮,将信息发送到 PCB,上述操作完成后,"检测—完成"那一列将被标记,如图 3-12 所示。

(5) 单击"关闭"按钮,目标 PCB 文件打开,并且元器件也放在 PCB 板边框的外面以准备放置。如果设计者在当前视图不能看见元器件,按 Ctrl 键的同时滚动鼠标滚轮——缩放视图,如图 3-13 所示。按下右键移动可以拖动图纸。

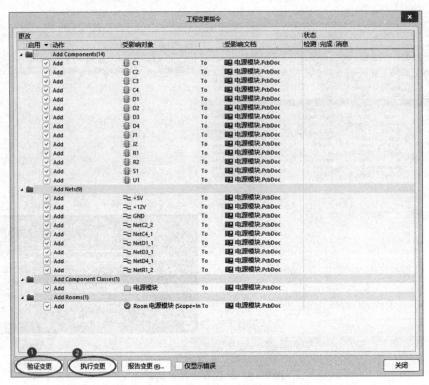

图 3-11   "工程变更指令"对话框

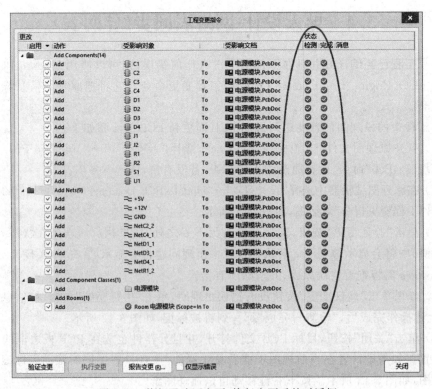

图 3-12   执行了验证变更、执行变更后的对话框

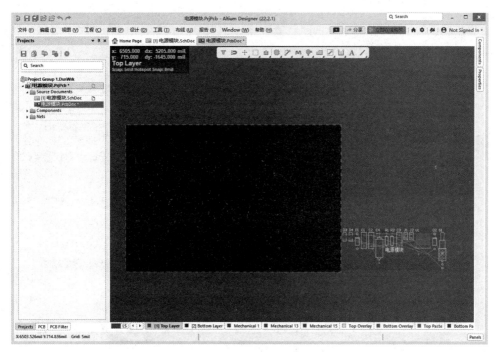

图 3-13　信息导入 PCB

3.5　印刷电路板(PCB)设计

3.5.1　原理图与 PCB 图的交互设置

Altium Designer 拥有强大的交互式选择和交互式探查功能。为了方便元器件的寻找,需要把原理图与 PCB 图对应起来,使两者之间能相互映射,简称交互。利用交互式布局可以比较快速地定位元器件,从而缩短设计时间,提高工作效率。

(1)单击系统参数设置 ⚙ 按钮,在弹出的系统参数设置界面中选择 System(O)→Navigation(P)命令,如图 3-14 所示,选中"交互选择模式"选项区中的"交互选择"复选框,"交叉选择的对象"选项区中的"元件""网络""Pin 脚"复选框都自动进行选中,其他选默认值,单击"确定"按钮,退出该对话框。

(2)为了达到原理图和 PCB 两两交互的目的,需要在原理图编辑界面和 PCB 设计交互界面中都选择菜单"工具"→"交叉选择模式"命令,激活交叉选择模式,如图 3-15 所示。

(3)选择菜单 Window(W)→"平垂直铺(V)"命令,原理图与 PCB 平分窗口,如图 3-16 所示。

这样,在原理图选中的元器件在 PCB 中会高亮显示,如图 3-16 所示;反之,在 PCB 中选中的元器件在原理图中也会高亮显示。另外,在原理图中选中的网络,在 PCB 中也会高亮显示;而在原理图中选中的管脚,在 PCB 中也会高亮显示。可实现动态交互探测,即在原理图中选中的元器件,在 PCB 中也可以直接移动布局。

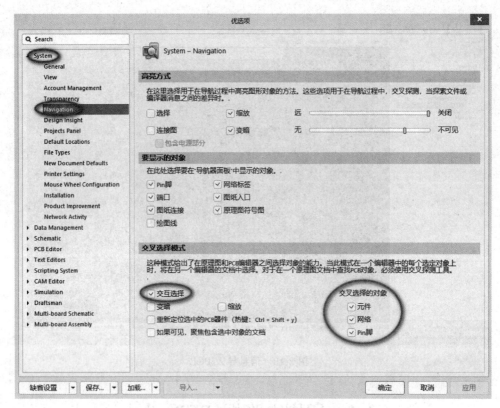

图 3-14　选中"交互选择"复选框

图 3-15　激活交叉选择模式

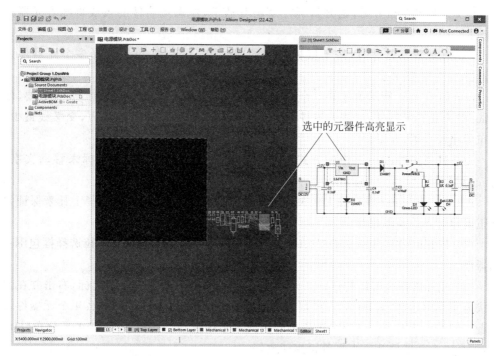

图 3-16　原理图中选中的元器件在 PCB 中显示

3.5.2　在 PCB 中放置元器件

现在可以放置元器件了。

一块 PCB 板设计成功否,元器件的布局是关键。布局的一般规则,即大器件、芯片优先布局,元器件之间的摆放要求元器件之间的飞线距离越短,交叉线越少最好。

（1）现在放置三端稳压器 U1,将光标放在三端稳压器轮廓的中部,按下鼠标左键不放,光标会变成一个十字形状并跳到元器件的参考点。

（2）不要松开左键,鼠标移动拖动元器件。

（3）拖动连接时,按 Space 键将其旋转 $90°$,然后将其定位在板子的右边上方,如图 3-17所示。

图 3-17　放置元器件

(4) 元器件定位好后,松开鼠标左键将其放下,注意元器件的飞线将随着元器件被拖动。

(5) 在放置元器件时,按下鼠标左键的同时按 Shift 键,可以选择多个元器件进行放置。

(6) 如图 3-17 所示可放置其余的元器件。当设计者拖动元器件时,如有必要,使用 Space 键来旋转元器件,让该元器件与其他元器件之间的飞线距离最短,交叉线最少,这样布局比较合理,方便布线。

元器件文字可以用同样的方式来重新定位——按下左键拖动鼠标来移动文字,按 Space 键旋转。

Altium Designer 具有强大而灵活的放置工具,让设计者可使用这些工具来保证元器件正确地对齐并间隔相等。

(1) 按 Shift 键,分别单击 C1、C2、C3、D1 元器件进行选择,或者拖拉选择框包围 4 个元器件。

(2) 光标放在被选择的任一个元器件上,变成带箭头的白色十字光标,右击并在弹出的快捷菜单中选择"对齐(A)"→"底对齐(B)"命令,如图 3-18 所示,那么 4 个元器件就会沿着它们的下边对齐;右击并在弹出的快捷菜单中选择"对齐(A)"→"水平分布(D)"命令,那么 4 个元器件就会水平等距离摆放好。

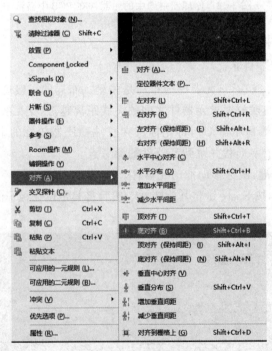

图 3-18　排列对齐元器件

(3) 如果设计者认为这 4 个元器件偏左,也可以整体向右移动。

(4) 在设计窗口的其他任何地方单击即可取消选择所有的元器件,这 4 个元器件就对齐了并且等间距。

（5）把 PCB 板边框以外的"电源模块"Room 块删除，如图 3-17 所示，选中要删除的块，按 Delete 键即可。

现在设计者可以开始在 PCB 上板上布线。在开始设计 PCB 板之前还有一些设置需要完成，本章只介绍设计 PCB 板的重要设置，其他的设置使用默认值，详细的介绍将在第 8 章进行。

3.5.3　修改封装

现在初步将元器件封装定位好了，为了掌握在 PCB 中修改封装的方法，设计者可以将电阻、电容的封装进行更改。

注意：一定要根据实际元器件尺寸修改封装，否则在完成的 PCB 板上安装不上元器件，会造成浪费。

在 PCB 板上双击电容 C1，弹出元件 C1 的 Properties 对话框，在 Footprint Name 文本框中将名字改为 RAD-0.1，或者单击文本框旁边的 按钮，如图 3-19 所示，弹出"浏览库"对话框，如图 3-20 所示，选择 RAD-0.1，单击"确定"按钮。

按以上方法依次将发光二极管 D3、D4 的封装名称改为 DIODE-0.4，将电阻 R1、R2 的封装名称改为 AXIAL-0.3。

修改封装后重新布局（移动元器件），布局后的 PCB 板如图 3-21 所示。

对每个对象都定位放置好后，就可以开始布线了。

3.5.4　设置新的设计规则

Altium Designer 的 PCB 编辑器是一个规则驱动环境。设计规则检验是 PCB 设计中至关重要的一个环节，可以通过利用 PCB 设计规则，保证 PCB 符合电气要求和机械加工（精度）要求，为布局、布线提供依据，也为 DRC 提供依据。在对 PCB 编辑期间，Altium Designer 会实时地进行一些规则检查，对违规的地方会做标记（亮绿色）。

这意味着，在设计者改变设计的过程中，如放置导线、移动元器件或者自动布线等，Altium Designer 都会监测每个动作，并检查设计是否完全符合设计规则。如果不符合，则会立即警告，提示出现错误。因此在设计之前应先设置设计规则以让设计者集中精力进行设计工作，保证一旦出现错误，软件就会自动进行提示。

设计规则总共有 10 个类，包括电气、布线、制

图 3-19　Component C1 Properties
　　　　 对话框

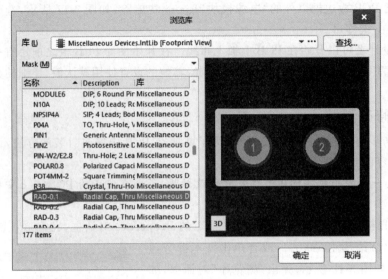

图 3-20   "浏览库"对话框

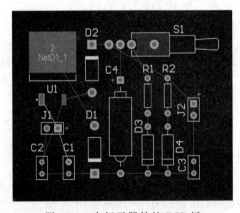

图 3-21   布好元器件的 PCB 板

造、放置、信号完整性等的约束。

现在来设置必要的新的设计规则,指明电源线、地线的宽度。具体步骤如下。

(1) 激活 PCB 文件,从菜单选择"设计(D)"→"规则(R)"命令。

(2) 弹出"PCB 规则及约束编辑器"对话框,每一类规则都显示在对话框的左侧的设计规则(Design Rules)面板中,如图 3-22 所示。双击 Routing 展开,显示相关的布线规则,然后双击 Width 显示宽度规则。

(3) 单击选择每条规则。当设计者单击每条规则时,对话框右边的上方将显示规则的应用范围(设计者想要的这个规则的目标),如图 3-23 所示,下方将显示规则的限制。

(4) 单击 Width 规则,显示它的范围和约束,如图 3-23 所示,可知本规则适用于整个板。

Altium Designer 的设计规则系统有一个强大的功能,即同种类型可以定义多种规则,每个规则有不同的对象,每个规则目标的确切设置是由规则的范围决定的,规则系统

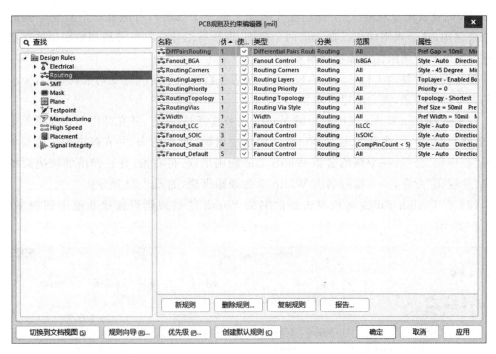

图 3-22 设计规则面板

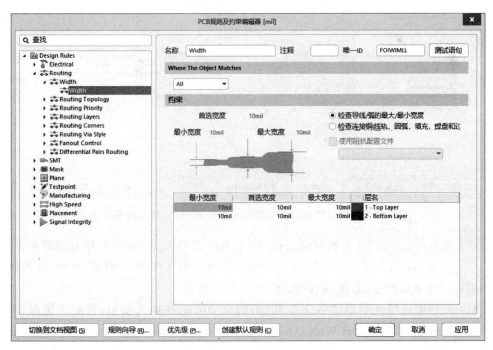

图 3-23 设置 Width 规则

使用预定义优先级来确定规则适用的对象。

例如,设计者可以有对接地网络(GND)的宽度约束规则,也可以有一个对电源线

(+12V)的宽度约束规则(这个规则优先级高于前一个规则),可能有一个对整个板的宽度约束规则(这个规则优先级低于前两个规则,即所有的导线除电源线和地线以外都必须是这个宽度),规则依优先级顺序显示。

现在设计者要为+12V、+5V 和 GND 网络各添加一个新的宽度约束规则,若要添加新的宽度约束规则,需完成以下步骤。

(1) 在 Design Rules 规则面板的 Width 类被选择时,右击,并在弹出的快捷菜单中选择"新规则"命令,一个新的名为 Width_1 的规则出现;然后右击,并在弹出的快捷菜单中选择"新规则"命令,一个新的名为 Width_2 的规则出现,再右击,并在弹出的快捷菜单中选择"新规则"命令,一个新的名为 Width_3 的规则出现,如图 3-24 所示。

(2) 在 Design Rules 面板单击新的名为 Width_3 的规则以修改其范围和约束,如图 3-24 所示。

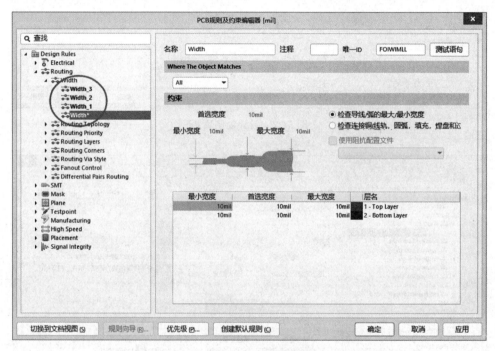

图 3-24　添加 Width_1、Width_2 和 Width_3 线宽规则

(3) 在名称(Name)文本框中输入 GND,名称会在 Design Rules 栏里自动更新。

(4) 在 Where The Object Matches 左侧下拉列表中选择 Net(网络)选项,在右侧下拉列表内单击下拉按钮,选择 GND 选项,如图 3-25 所示。

(5) 在约束选项区中单击各文本框(旧约束 10mil)并输入新值,将最大宽度(Max Width)、首选宽度(Preferred Width)和最小宽度(Min Width)均改为 30mil。注意,必须在修改最小宽度之前先设置最大宽度,必须保证下面最小宽度、首选宽度、最大宽度均改为 30mil,如图 3-26 所示。

(6) 用以上的方法,在 Design Rules 面板单击选择名为 Width_2 的规则以修改其范围和约束。在名称文本框中输入+12V;在 Where The Object Matches 选项区左下拉列

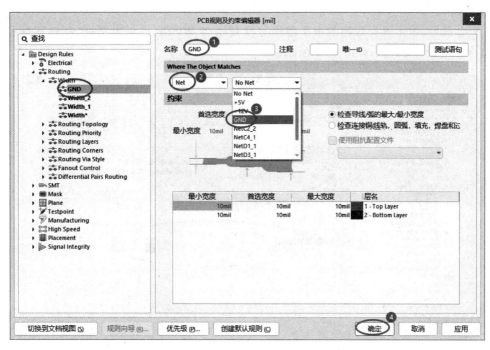

图 3-25　选择 GND 网络

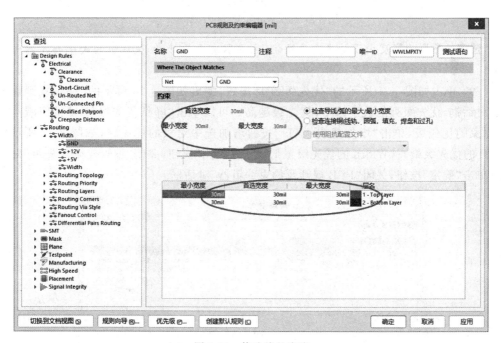

图 3-26　修改线的宽度

表框中选择 Net 选项,在其右侧的下拉列表中单击下拉按钮,选择＋12V;将最大宽度、首选宽度和最小宽度均改为 25mil。

(7) 用以上的方法,将 Width_1 改名为＋5V,将最大宽度、首选宽度和最小宽度栏均设为 25mil。

（8）最后，单击选择最初的板子范围宽度规则名 Width，将最大宽度、首选宽度和最小宽度栏均设为 20mil，如图 3-27 所示。

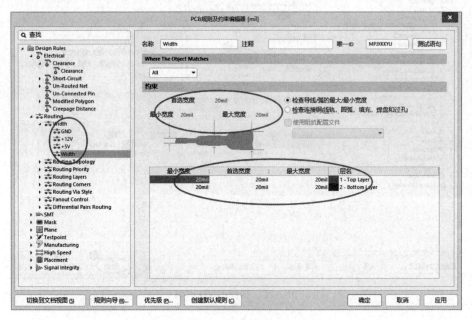

图 3-27　将 Width 宽度设为 20mil

注意：导线的宽度由设计者自己决定，主要取决于设计者 PCB 板的大小与元器件的疏密。

（9）单击如图 3-27 所示的"优先级（P）"按钮，弹出如图 3-28 所示的"编辑规则优先级"对话框，优先级列的数字越小，优先级越高。可以单击"降低优先级（D）"按钮减小选中对象的优先级，单击"增加优先级（I）"按钮增加选中对象的优先级，如图 3-28 所示的 GND 的优先级最高，Width 的优先级最低，单击"关闭"按钮，关闭"编辑规则优先级"对话框，单击"确定"按钮，关闭"PCB 规则及约束编辑器"对话框。

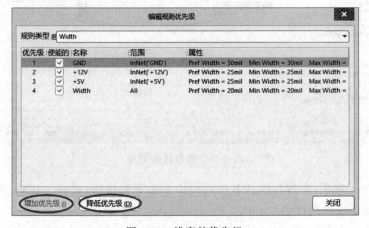

图 3-28　线宽的优先级

这样当设计者用手工布线或使用自动布线器时,GND 导线宽度为 30mil,+12V、+5V 导线为 25mil,其余的导线均为 20mil。

3.5.5　手动布线

布线是指在板上通过走线和过孔以连接元器件的过程。Altium Designer 通过提供先进的交互式布线工具以及 Situs 拓扑自动布线器来简化这项工作,只需轻触一个按钮就能对整个板或其中的部分进行最优化布线。

自动布线器提供了一种简单而有效的布线方式。但在有的情况下,设计者将需要精确地控制排布的线,即手动为部分或整块板布线。在下面的例子中,将手动对单面板进行布线,将所有线都放在板的底部。

在 PCB 上的线是由一系列的直线段组成的。每一次改变方向即是一条新线段的开始。此外,默认情况下,Altium Designer 会限制走线为纵向、横向或 45°角的方向,这样可使设计者的设计更专业。为满足设计者的需要,这种限制可以进行设定(将在第 8 章介绍),但对于本例,将使用默认值。

(1) 按快捷键 L 以显示视图配置对话框(View Configuration)。在 Layers(层)选项区中选择在 Bottom Layer(底层)左边的眼睛状图标(◉),使其有效,将 Mechanical 13、15(机械层)左边的眼睛状图标全部取消选中,使其无效(），如图 3-29 所示,单击关闭 ✖ 按钮,退出视图配置对话框,底层标签就显示在设计窗口的底部了。在设计窗口的底部单击选中 Bottom Layer 选项卡,使 PCB 板的底层处于激活状态。

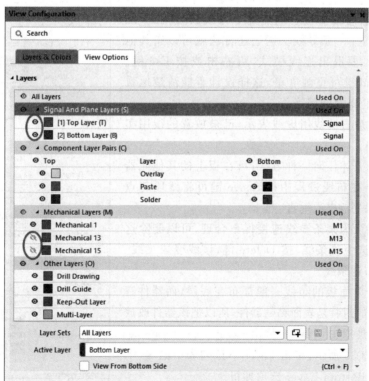

图 3-29　视图配置对话框

(2) 在菜单中选择"放置(P)"→"走线(T)"命令或者单击放置工具栏的 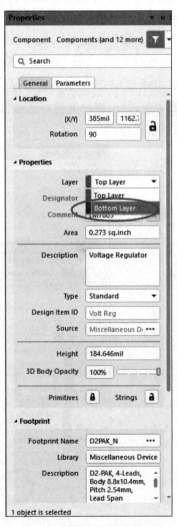 按钮,光标变成十字形状,表示当前编辑状态处于导线放置模式。

(3) 检查文档工作区底部的层标签。如果 Top Layer 标签是激活的,按数字键盘上的 * 键,在不退出走线模式的情况下切换到底层。按 * 键可用于在信号层之间进行切换。

(4) 将光标定位在 C2 较低的焊盘(选中焊盘后,焊盘周围有一个小框围住),单击或按 Enter 键,以确定线的起点。

(5) 将光标移向电容 C1 底下的焊盘。此时应注意观察线段是如何跟随光标路径来回在检查模式中显示的。状态栏显示的检查模式表明它们还没被放置。如果设计者沿光标路径拉回,未连接线路也会随之缩回。在这里,设计者有两种走线的选择。

- Ctrl+单击,使用 Auto-Complete 功能,并立即完成布线(此技术可以直接使用在焊盘或连接线上)。起始和终止焊盘必须在相同的层内布线才有效,同时还要求板上的任何的障碍不会妨碍 Auto-Complete 的工作。Auto-Complete 路径可能并不总是有效的,这是因为走线路径是一段接一段地绘制的,而对较大的板,从起始焊盘到终止焊盘的完整绘制有可能根本无法完成。

- 使用 Enter 键或单击来接线,设计者可以直接对目标 C1 的引脚接线。在完成了一条网络的布线后,右击或按 Esc 键表示设计者已完成了该条导线的放置,此时光标仍然是一个十字形状,表示当前编辑状态仍然处于导线放置模式,准备放置下一条导线。用上述方法就可以布其他导线。要退出连线模式,可右击或按 Esc 键。按 End 键可重画屏幕,这样设计者能清楚地看见已经布线的网络。

(6) 未被放置的线用虚线表示,已被放置的线用实线表示。

(7) 使用上述任何一种方法,可在板上的其他元器件之间布线。在布线过程中按 Space 键可将线段起点模式切换到水平、45°或垂直。

(8) 如果认为某条导线连接得不合理,可以删除这条线,方法是选中该条线,按 Delete 键,该线变成飞线。然后可重新布这条线。

(9) 由于单面板的布线一般都布在底层,而器件三端稳压器 U1 的封装是表面粘贴器件,所以把该器件改放在底层,方法是双击该器件,弹出 Component Properties 对话框,如图 3-30 所示,单击 Layer 下拉列表中的 ▼ 下拉按钮,选择 Bottom Layer 选项即可。

(10) 完成 PCB 上的所有连线后,如图 3-31 所示,

图 3-30　把元器件放置在底层

右击或者按 Esc 键以退出放置模式。

（11）保存设计（快捷键为 F、S 或者 Ctrl＋S 组合键）。

在进行布线的时候应注意以下几点。

（1）单击或按 Enter 键,可以在光标的当前位置放置线。

（2）可使用"Ctrl 键＋单击"组合键来自动完成连线,但起始引脚和终止引脚必须在同一层上,并且连线上没有障碍物。

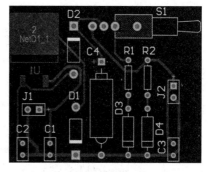

图 3-31 完成手动布线的 PCB 板

（3）使用 Shift＋Space 组合键来选择各种线的角度模式。角度模式包括：任意角度、45°、弧度45°、90°和弧度 90°。按 Space 键切换角度。

（4）按 End 键刷新屏幕。

（5）使用 V→F 键重新调整屏幕以适应所有的对象。

（6）按 PageUp 或 PageDown 键,以光标位置为核心来缩放视图。使用鼠标滚轮可向上边和下边平移。按住 Ctrl 键,用鼠标滚轮来进行放大和缩小。

（7）当设计者完成布线并希望开始一个新的布线时,右击或按 Esc 键。

（8）为了防止连接不应该连接的引脚,Altium Designer 将不断地监察板的连通性,防止设计者在连接方面的失误。

（9）当设计者布置完一条线并右击完成时,冗余的线段会被自动清除。

至此,设计者已经通过手工布线完成了 PCB 板设计。

3.5.6 自动布线

通过以下步骤进行自动布线。

（1）从菜单选择"布线（U）"→"取消布线（U）"→"全部（A）"命令取消板的布线。

（2）从菜单选择"布线（U）"→"自动布线（A）"→"全部（A）"命令,弹出"Situs 布线策略"对话框,如图 3-32 所示,单击 Route All 按钮。Messages 面板会显示自动布线的过程,如图 3-33 所示,提示所有线全部布通,布通率为 100％。

Situs Auto Router 提供的布线结果可以与一名经验丰富的设计师相媲美,如图 3-34所示。这是因为 Altium Designer 在 PCB 窗口中对设计者的板进行直接布线,而不需要导出和导入布线文件。

（3）选择"文件（F）"→"保存（S）"命令来储存设计者设计的板。

注意：线的放置由 Auto Router 通过两种颜色来呈现。红色表明该线在顶端的信号层；蓝色表明该线在底部的信号层。设计者也会注意到 GND、＋12V、＋5V 导线要粗一些,这是由设计者所设置的三条新的 Width 设计规则所规定的。

如果设计中的布线与图 3-31 所示不完全一样,也是正确的,因为手动布线时布的是单面板,而自动布线时布的是双面板,再加上元器件摆放位置不完全相同,布线也会不完全相同。如图 3-34 所示为自动布线后手动微调的效果。

如果 PCB 中确定的板是双面印刷电路板,设计者也可以使用顶层和底层来手工布线。要这样做,需从菜单选择"布线（U）"→"取消布线（U）"→"全部（A）"命令取消板的布

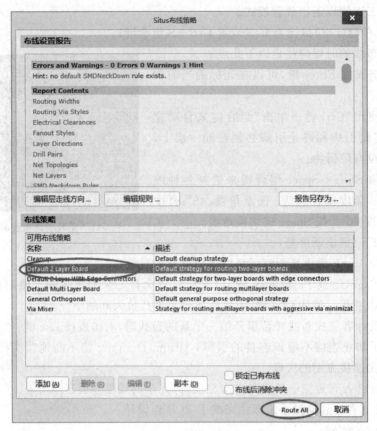

图 3-32 自动布线对话框

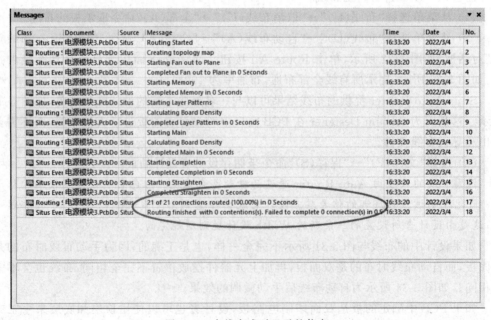

图 3-33 布线完成时显示的信息

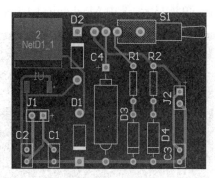

图 3-34 自动布线结果

线,然后像以前那样开始布线,但要在放置导线时按 * 键在层间切换。Altium Designer 软件在切换层的时候会自动地插入必要的过孔。

3.5.7 自定义绘制板框

一些比较常见并简单的圆形或者矩形规则板框,在 PCB 中可以直接利用放置 2D 线来进行自定义绘制,也比较直观简单,板框一般放置在机械(Mechanical 1)层或者 Keep-Out Layer(禁止布线)层。

注意:一个文件只允许一个外形层存在,绝不允许有两个外形层同时存在,请将不用的外形层删除,即画外形时 Keepout 层或机械层两者只能选其一。

下面以放置在机械 1 层为例进行介绍。

(1) 把当前层切换到 Mechanical 1 层,单击选中 Mechanical 1 层,选择"编辑(E)"→"原点(O)"→"设置(S)"命令,在某个位置放置一个原点,如图 3-35 所示。

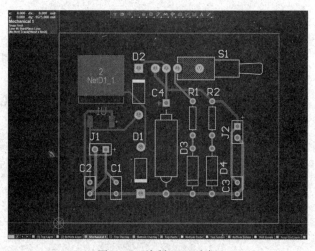

图 3-35 绘制 PCB 边框

(2) 选择"放置"→"线条"命令,单击原点位置开始放置 2D 线,长方形的边框要把所有元器件包围住并留有合适的距离。

注意:正方形边框的第一条边的起点与最后一条边终点重合时,会出现一个绿色的小圆圈,如图 3-35 所示,此时单击绘制好 PCB 边框。右击退出布线状态。

(3) 按 Shift+S 组合键,单层显示,选中 Mechanical 1 层,如图 3-36 所示。

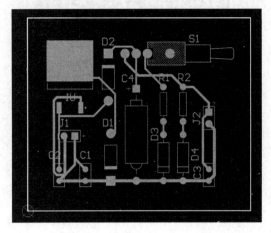

图 3-36　显示 Mechanical 1 层

(4) 在 Mechanical 1 层,选中所绘制的闭合的板框(一定是闭合的,不然会定义不成功),在主菜单中选择"设计(D)"→"板子形状(S)"→"按照选择对象定义(D)"命令,即重新定义 PCB 板的形状为长方形,如图 3-37 所示。

(5) 按 Shift+S 组合键,切换为多层显示,选择"视图"→"适合板子"(快捷键 V、F)命令将只显示板子形状,如图 3-37 所示。

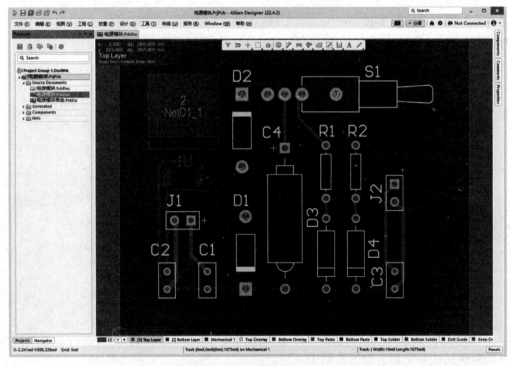

图 3-37　切割后的 PCB 板

3.6　验证设计者的板设计

Altium Designer 提供一个规则驱动环境来设计 PCB,并允许设计者定义各种设计规则来保证 PCB 板设计的完整性。比较典型的做法是,在设计过程的开始设计者就设置好设计规则,然后在设计进程的最后用这些规则来验证设计。

在前述例子中设计者已经添加了三个新的线宽度约束规则。为了验证所布线的电路板是符合设计规则的,现在设计者要进行设计规则检查 Design Rule Check(DRC)。

按快捷键 L 以显示视图配置对话框。确认 System Colors 选项区的 DRC Error/Waived DRC Error Markers 选项旁的眼睛状 ◉ 属性有效,这样 DRC 错误标记(DRC Error Markers)才会显示出来,如图 3-38 所示。

图 3-38　显示 DRC 错误标记

(1) 从菜单运行"工具(T)"→"设计规则检查(D)"命令,弹出"设计规则检查器"对话框如图 3-39 所示,保证"设计规则检查器"对话框中的实时和批处理设计规则检测都被配置好。选择一个类查看其所有原规则,如单击选择 Electrical,可以看到属于那个种类的所有规则。

(2) 保留所有选项为默认值,单击"运行 DRC(R)"按钮,DRC 就开始运行,Messages 面板将自动显示,并生成 Design Rule Verification Report(设计规则验证报告)文件,如图 3-40 所示。

从 Design Rule Verification Report 看出有三个地方出错,错误如下:

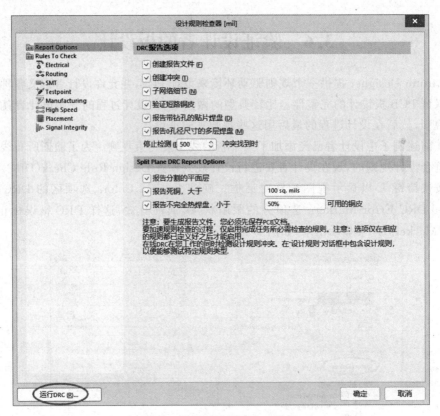

图 3-39　设计规则检查对话框

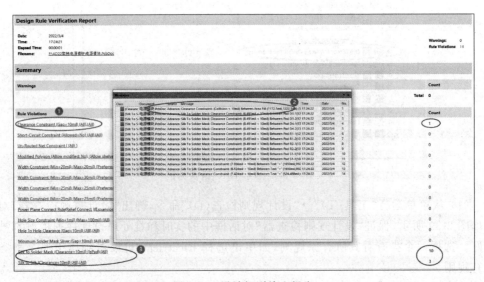

图 3-40　设计规则检查报告

(1) Clearance Constraint (Gap＝10mil) (All),(All)。

(2) Silk To Solder Mask (Clearance＝10mil) (IsPad),(All)。

(3) Silk to Silk (Clearance＝10mil) (All),(All)。

解决第 1 个错误，即 Clearance Constraint（Gap＝10mil）(All)，(All)，该错误信息表示 PCB 板上有违反安全距离（间距）的限制，如图 3-40 所示单击②处，跳转到 PCB 图相应位置，选择电源模块 PCB 编辑器，如图 3-41 所示。

通过图 3-40 所示②处看出错误的原因是开关 S1 上的焊盘与区域填充之间的距离违反了 Clearance Constraint（Gap ＝ 10mil）即安全间距 10mil 的限制，由于这是开关封装的问题，不是 PCB 板的设计问题，允许这个错误出现，所以我们修改设计规则。

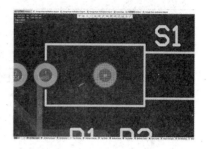

图 3-41　PCB 图中错误的地方

（1）从菜单选择"设计（D）"→"规则（R）"命令（快捷键 D、R），打开"PCB 规则及约束编辑器"对话框，如图 3-42 所示。

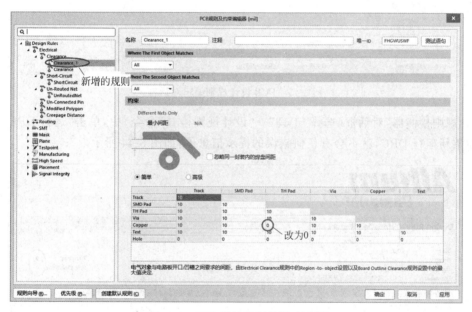

图 3-42　PCB 设计规则编辑对话框

（2）在 Clearance 上右击，从弹出的快速菜单中选择"新规则"命令，新建一个 Clearance_1 的新设计规则，如图 3-42 所示，把 Copper 与 TH Pad 的十字交叉处改为 0 即可。

下面解决第 2、第 3 处违反设计规则的错误。

（1）如图 3-42 所示，双击 Manufacturing 类，在对话框的右边显示所有制造规则（图 3-43），现在看出第 2、第 3 处错误提示信息都属于制造规则类，现在的主要任务是设计 PCB 板，与制造的关系不大，所以可以关闭这两个规则的检查。

（2）在如图 3-43 所示对话框的右边，找到 Minimum Solder Mask Sliver 和 Silk To Solder Mask Clearance 两行，把"使能的"栏的复选框取消选中即可，表示不进行该两项的规则检查。

（3）单击"确定"按钮，PCB 板上就没有绿色的高亮显示了，如图 3-1 所示。现在重新在

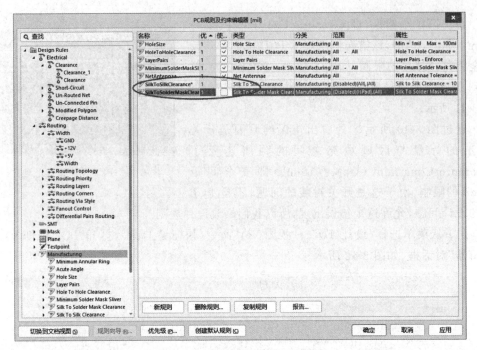

图 3-43   PCB 设计规则编辑对话框

"设计规则检测器"对话框(选择"工具"→"设计规则检查"命令)中,单击"运行 DRC(R)"按钮重新运行 DRC,就不会有任何错误的提示信息了,如图 3-44 所示。

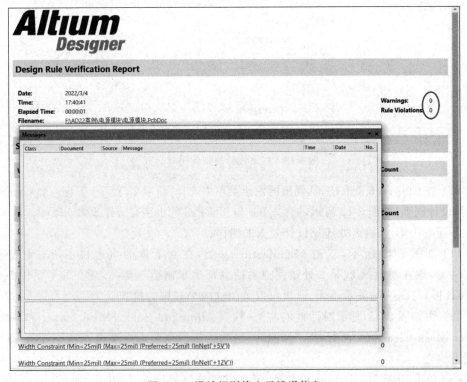

图 3-44   设计规则检查无错误信息

保存已经完成的 PCB 和工程文件。

3.7　在 3D 模式下查看电路板设计

如果设计者能够在设计过程中使用设计工具直观地看到自己设计板子的实际情况,将能够有效地帮助他们的工作。Altium Designer 软件提供了这方面的功能,下面研究一下它的 3D 模式。在 3D 模式下可以让设计者从任何角度观察自己设计的 PCB 板。

3.7.1　设计时的 3D 显示状态

要在 PCB 编辑器中切换到 3D 模式,只需选择"视图(V)"→"切换到三维显示"命令(快捷键 3),如图 3-45 所示。如果要返回二维模式,按 2 键。键盘上的 2、3 键是二维、三维模式转换的快捷键。

进入 3D 模式时,一定要使用下面的操作来显示 3D,否则就要出错,会提示 Action not available in 3D view 错误。

(1) 缩放。按 Ctrl 键＋鼠标右键拖动;或者按 Ctrl 键＋鼠标滚轮;或者按 PgUp/PgDn 键。

(2) 平移。用鼠标滚轮向上/向下移动;按 Shift 键＋鼠标滚轮向左/右移动;按下鼠标右键并拖动向任何方向移动。

(3) 旋转。按住 Shift 键不放,再右击,进入 3D 旋转模式。以光标处的一个定向圆盘来表示,如图 3-45 所示。该模型的旋转运动是基于圆心的,使用以下方式进行控制。

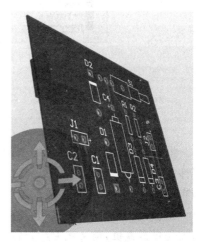

图 3-45　PCB 板的 3D 显示

- 按下鼠标右键拖曳圆盘中心点(Center Dot),任意方向旋转视图。
- 按下鼠标右键拖曳圆盘水平方向箭头(Horizontal Arrow),关于 Y 轴旋转视图。
- 按下鼠标右键拖曳圆盘垂直方向箭头(Vertical Arrow),关于 X 轴旋转视图。

3.7.2　3D 显示设置

使用上述的操作命令,设计者可以非常方便地在 3D 显示状态实时查看正在设计板子的每一个细节。使用 View Configuration 对话框可以修改这些设置,按快捷键 L 打开此对话框,如图 3-46 所示。在该对话框内,设计者可根据板子的实际情况设置相应的板层颜色,或者调用已经存储的板层颜色设置。这样,3D 显示的效果会更加逼真。

注意:任何时候在 3D 模式下,设计者都可以以各种分辨率创建实时"快照",使用 Ctrl＋C 组合键进行复制,这样就可以将图像(Bitmap 格式)存储在 Windows 剪贴板中,用于其他应用程序。

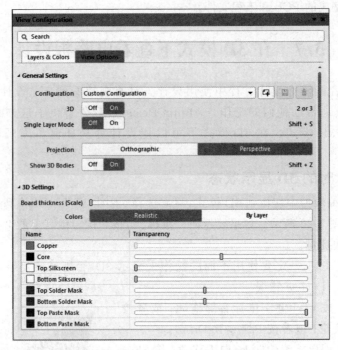

图 3-46   View Configuration 对话框

本 章 小 结

电源模块
PCB 图
设计 2

本章介绍了印制电路板的基础知识,建立一个新的 PCB 文件,用封装管理器检查元器件的封装,把原理图的信息导入 PCB 内(网络表同步),建立导线的粗细规则,PCB 的布局布线,原理图与 PCB 的交互设置,验证 PCB 板的正确与否。

注意:PCB 布局的好坏直接关系到板子的成败,布局摆放元器件时,应使元器件之间的飞线距离最短,交叉线最少,这样布局比较合理且便于排版。

习 题 3

(1) 简述 PCB 的设计流程。

(2) 设计一个双层板时,一般的设计层面有哪些? Mechanical 1 层的作用是什么?

(3) 原理图中的连线(Wire)与 PCB 板中走线(Routing)有什么关系? 在 PCB 中"线条"(line)与"走线"Routing 的区别是什么?

(4) 命令"设计(D)"→Update PCB Document PCB1.PcbDoc 的功能是什么?

(5) 在设计 PCB 板的时候,按 * 键的作用是什么?

(6) 完成第 2 章习题蜂鸣器电路、红外发射电路的 PCB 设计,PCB 板的大小由自己定义,元器件的封装根据实际使用的情况决定。要求先用手动布线设计单面印制电路板,然后用自动布线设计双面印制电路板,并注意比较两者的异同。

第4章

创建原理图元器件库

任务描述

尽管 Altium Designer 内置的元器件库及网上元器件库的资源已经相当丰富,平常我们在进行电路设计的过程中,基本省去了自己画库的一个麻烦,但我们还是有必要学习原理图库的创建方法。比如某些很特殊的元器件或新开发出来的元器件。如要设计第 7 章的"数字钟电路"原理图,原理图内的器件"单片机 AT89C2051"在系统提供的库内找不到,器件数码管在系统提供的库内能找到,但提供的图形符号又不能满足用户的需求,这就迫使用户自己来创建元器件及原理图图像符号库。Altium Designer 提供了相应的制作元器件库的工具。

创建原理图
元器件库

本章首先介绍集成库、原理图库、封装库、模型的概念,然后介绍原理图库的创建方法。在原理图库内创建 3 个元器件:①AT89C2051 单片机;②从已有的库文件复制一个元器件,然后修改该元器件以满足设计者的需要;③多部件元器件。通过 3 个实例的学习,掌握原理图库及其元器件的创建方法,为后面更深入地学习打下良好的基础。本章包含以下内容:

- 原理图库、模型和集成库的概念;
- 创建库文件包及原理图库;
- 创建原理图元器件;
- 为原理图元器件添加模型;
- 从其他库复制元器件;
- 创建多部件原理图元器件。

4.1 原理图库、模型和集成库

在设计绘制电路原理图时,在放置元器件之前,常常需要添加元器件所在的库,因为元器件一般保存在一些元器件库中,这样很方便用户设计使用。之后原理图库中的元器件会分别使用封装库中的封装。例如,如图 4-1 所示,这些看似名称、形状都不一样的元器件,在 Altium Designer 工程本身看来,都可以是一样的,因为它们都有着相同的管脚数量和对应的封装形式。这些元器件都可以选择同一个两个脚的封装,也可以选择两个脚且两脚之间距离不同,焊盘大小不同的封装(这由具体的元件决定);同一个原理图元器件，也可以选择多个封装（两脚之间距离不同，焊盘大小不同的封装）。

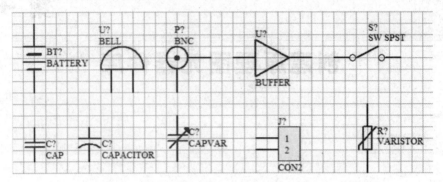

图 4-1　有着相同的管脚数量和对应封装形式的元器件

从本质上而言，PCB 设计关心的只是哪些焊盘需要用导线连在一起，至于哪根导线连接的是哪些焊盘，则是由原理图中的网络决定的，而焊盘所在的位置，是由元器件本身和用户排列所决定的。最后在元器件库内定义的元器件管脚与焊盘一一对应的关系，将整个系统严丝合缝地联系在一起。

整个 Altium Designer 的设计构造如图 4-2 所示。

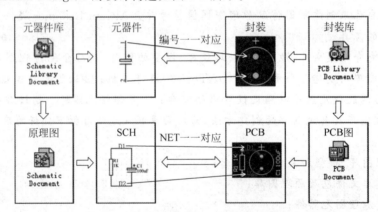

图 4-2　整个 Altium Designer 的设计构造

在 Altium Designer 中，原理图元器件符号是在原理图库编辑环境中创建的（.SchLib 文件）。之后原理图库中的元器件会分别使用封装库中的封装和模型库中的模型。设计者可在各元器件库放置元器件，也可以将这些元器件符号库、封装库和模型文件编译成集成库（.IntLib 文件）。在集成库中的元器件不仅具有原理图中代表元器件的符号，还集成了相应的功能模块，如 FootPrint 封装、电路仿真模块、信号完整性分析模块等。

元器件符号是元器件在原理图上的表现形式，主要由元器件边框、管脚、元器件名称及元器件说明组成，通过放置的管脚来建立电气连接关系，如图 4-10 所示。元器件符号中的管脚序号是与电子元器件实物的管脚一一对应的。

原理图库是所有元器件原理图符号的集合，PCB 库是所有元器件 PCB 封装符号的集合，集成库的创建是在原理图库和 PCB 库的基础上进行的，是通过分离的原理图库、PCB 库等编译生成的。集成库可以让原理图的元器件关联 PCB 封装、电路的仿真模块、3D 模型等文件,方便设计者直接调用存储。在集成库中的元器件不能够被修改,如要修改元器件,可以在分离的原理图库、PCB库中编辑,然后进行编译产生新的集成库。

Altium Designer 的集成库文件位于软件安装路径下的 D:\Users\Public\Documents\Altium\AD22\Library 文件夹中,它提供了大量的元器件模型(大约 80000个符合 ISO 规范的元器件)。

设计者可以打开一个集成库文件,在弹出的"解压源文件或安装"对话框中单击"解压源文件"按钮从集成库中提取库的源文件,在库的源文件中可以对元器件进行编辑。

设计者也可以在原理图文件编辑窗口中选择"设计(D)"→"生成原理图库(M)"命令创建一个包含有当前原理图文档上所有元器件的原理图库。

4.2　创建新的库文件包及原理图库

可使用原理图库编辑器创建和修改原理图元器件、管理元器件库。该编辑器的功能与原理图编辑器相似,共用相同的图形化设计对象,唯一不同的是增加了管脚编辑工具。在原理图库编辑器里元器件由图形化设计对象构成。设计者可以将元器件从一个原理图库复制,然后将其粘贴到另外一个原理图库;或者从原理图编辑器复制,然后将其粘贴到原理图库编辑器。

设计者创建元器件之前,需要创建一个新的原理图库来保存设计内容。这个新创建的原理图库可以是分立的库,与之关联的模型文件也是分立的。另一种方法是创建一个可被用来结合相关的库文件编译生成集成库的原理图库,使用该方法需要先建立一个库文件包,库文件包(后缀为.LibPkg文件)是集成库文件的基础,它将生成集成库所需的那些分立的原理图库、封装库和模型文件有机地结合在一起。

以下是新建一个集成库文件包和空白原理图库的步骤。

先在 F 盘创建一个"集成库"文件夹,如"F:\AD22 案例\集成库"。

(1) 选择"文件(F)"→"新的(N)"→"库(L)"→"集成库(I)"命令,一个默认名为 Integrated_Library1.LibPkg 库文件包在 Projects 面板上出现,如图 4-3 所示。

(2) 在 Projects 面板上右击库文件包名,在弹出的快捷菜单上选择"保存"命令,在弹出的对话框中选择"F:\AD22 案例\集成库"文件夹,用默认的名 Integrated_ Library.LibPkg,单击 "保存"按钮。注意,如果不输入后缀名的话,系统会自动添加默认名。

(3) 添加空白原理图库文件。选择"文件(F)"→"新的(N)"→"库(L)"→"原理图库(L)"命令,自动进入电路图新元器件的编辑界面,选择 Projects 面板,Projects 面板将显示新建的原理图库文件,默认名为 Schlibl.SchLib,如图 4-3 所示。

(4) 选择"文件(F)"→"另存为(A)"命令,将库文件保存为默认名 Schlibl.SchLib。

(5) 单击选中 SCH Library 选项卡打开原理图库元器件编辑器(SCH Library)面板,如图 4-4 所示。如果 SCH Library 标签未出现,单击主设计窗口右下角的 Panels 按钮,并从弹出的菜单中选中 SCH Library 复选菜单即可("√"表示选中)。

(6) 原理图库元器件编辑器(SCH Library)面板介绍。

原理图库元器件编辑器管理面板如图 4-4 所示,其各组成部分介绍如下。

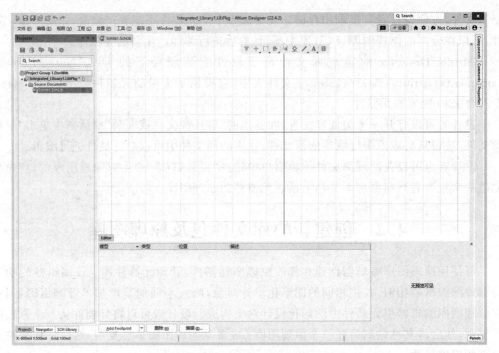

图 4-3　原理图库新元件的编辑界面

图 4-4　元器件库管理面板

- "元器件"区域用于对当前元器件库中的元件进行管理。可以在"元器件"区域对元器件进行放置、添加、删除和编辑等工作。如图 4-4 所示,由于是新建的一个原理图元器件库,其中只包含一个新的名称为 Component_1 的元器件。
- 元器件区域上方的空白区域为"过滤"区域,用于设置元器件过滤项,在其中输入需要查找的元器件起始字母或者数字,在"元器件"区域便显示相应的元器件。
- 利用"放置"按钮将"元器件"区域中所选择的元器件放置到一个处于激活状态的原理图中。如果当前工作区没有任何原理图打开,则建立一个新的原理图文件,然后将选择的元器件放置到这个新的原理图文件中。
- 利用"添加"按钮可以在当前库文件中添加一个新的元器件。
- 利用"删除"按钮可以删除当前元器件库中所选择的元器件。
- 利用"编辑"按钮可以编辑当前元器件库中所选择的元器件。单击此按钮,屏幕将弹出如图 4-12 所示的界面,可以在此对该元器件的各种参数进行设置。

4.3 创建新的原理图元器件

设计者可在一个已打开的库中选择"工具(T)"→"新元器件(C)"命令新建一个原理图元器件。由于新建的库文件中通常已包含一个空的元器件,因此一般只需要将Component_1重命名即可开始对第一个元器件进行设计。这里以 AT89C2051 单片机(图 4-10)为例介绍新元器件的创建步骤。

(1) 在 SCH Library 面板上的元器件列表中双击 Component_1 选项,弹出 Properties控制面板,在 Design Item ID 文本框中输入一个新的、可唯一标识该元器件的名称AT89C2051,如图 4-5 所示。

(2) 如有必要,选择"编辑(E)"→"跳转(J)"→"原点(O)"命令,将设计图纸的原点定位到设计窗口的中心位置。检查窗口左下角的状态栏,确认光标已移动到原点位置(X:0,Y:0)。新的元器件将在原点周围上生成,此时可看到在图纸中心有一个十字准线。设计者应该在原点附近创建新的元器件,因为在以后放置该元器件时,系统会根据原点附近的电气热点定位该元器件。

(3) 可在 Properties 控制面板设置单位(Units)、捕捉网格(Snap Grid)和可视网格(Visible Grid)等参数。选择"工具(T)"→"文档选项(D)"命令,弹出 Properties控制面板,在该面板中单击 Units 栏,选中 mils,设置Visible Grid 为 100mil,Snap Grid 为 100mil,如图 4-6所示。如果回到原理图库的编辑界面内看不到原理图库编辑器的网格,可按 PgUp 键进行放大,直到栅格可见。注意缩小和放大均围绕光标所在位置进行,所以在缩放时需保持光标在原点位置。

下面介绍捕捉网格(Snap)和可见网格(Visible)的概念。

- 捕捉网格:设计者在放置或移动对象(如元件等)的时候,光标一次移动的距离。
- 可见网格:在区域内以线或者点的形式显示的格点大小。

注意:并不是在每次需要调整网格时都要打开Properties 控制面板,也可按 G 键使 Snap Grid 在 10、50 或 100 单位这 3 种设置中快速轮流切换。这 3 种设置可在"优选项"对话框 Schematic-Grids 页面指定(具体方法在第 6 章介绍)。

选择"视图"→"工具栏"→"应用工具"命令,打开应用工具栏。

(4) 为了创建 AT89C2051 单片机,首先需定义元器件主体。在第 4 象限画 1000×

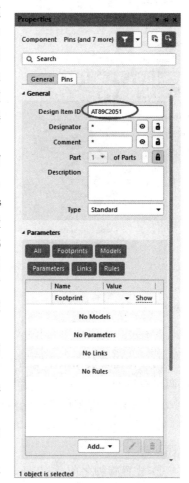

图 4-5 Properties 控制面板 1

1400 矩形框；选择"放置(P)"→"矩形(R)"命令或单击应用工具栏▢图标(图 4-7)，此时光标箭头变为十字光标，并带有一个矩形的形状。在图纸中移动十字光标到坐标原点(0，0)，单击确定矩形的一个顶点；然后继续移动十字光标到另一位置(1000，－1400)，单击确定矩形的另一个顶点。这时矩形放置完毕，十字光标仍然带有矩形的形状，可以继续绘制其他矩形。

右击退出绘制矩形的工作状态。在图纸中双击矩形，弹出如图 4-8 所示的对话框，供设计者设置矩形的属性(请设计者按照图 4-8 显示的尺寸绘制矩形框)。设置完成矩形的属性之后，返回工作窗口。

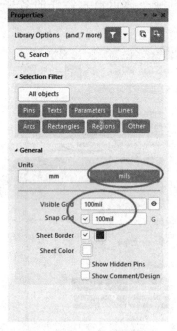

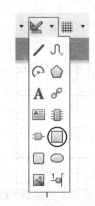

图 4-6　Properties 控制面板 2　　　图 4-7　画矩形框、放管脚等　　图 4-8　设置矩形属性对话框
　　　　　　　　　　　　　　　　的下拉工具栏

在工作窗口的图纸中单击矩形，即可在矩形周围显示出它的节点。拖动这些节点，即可调整矩形的高度、宽度，或者同时调整高度和宽度。

(5) 元器件管脚代表了元器件的电气属性，以下是为元器件添加管脚的步骤。

① 单击选择"放置(P)"→"管脚(P)"命令或单击工具栏按钮 ┵，光标处浮现带电气属性管脚。

② 放置管脚之前，按 Tab 键打开管脚属性(Properties)控制面板，如图 4-9 所示。如果设计者在放置管脚之前先设置好各项参数，则放置管脚时，这些参数成为默认参数，连续放置管脚时，管脚的编号和管脚名称中的数字会自动增加。

③ 在管脚属性(Properties)控制面板中，在管脚名字(Name)文本框输入管脚的名字 P3.0(RXD)，在标识(Designator)文本框中输入唯一(不重复)的管脚编号 2。此外，如果设计者想在放置元器件时管脚名和标识符可见，则需将相应的眼睛状 ◉ 属性设置为有效。

④ 在电气类型(Electrical Type)下拉列表中设置管脚的电气类型。该参数可用于在原理图设计图纸中编译项目或分析原理图文档时检查电气连接是否错误。在本例 AT89C2051 单片机中,将大部分管脚的电气类型设置成 Passive,VCC 或 GND 管脚的电气类型设置成 Power。

注意:电气类型即管脚的电气性质,包括以下 8 类。

- Input:输入管脚。
- I/O:双向管脚。
- Output:输出管脚。
- Open Collector:集电极开路管脚。
- Passive:无源管脚(如电阻、电容管脚)。
- HiZ:高阻管脚。
- Emitter:射击输出。
- Power:电源(VCC 或 GND)。

⑤ 符号(Symbols)选项区用于管脚符号设置,其中各项说明如下。

- 里面(Inside):元器件轮廓的内部。
- 内边沿(Inside Edge):元器件轮廓边沿的内侧。
- 外部边沿(Outside Edge):元器件轮廓边沿的外侧。
- 外部(Outside):元器件轮廓的外部。
- 线的宽度(Line Width):线的宽度。

⑥ 绘图区域用于引脚图形(形状)设置,其中各项说明如下。

- 位置(Location):管脚位置坐标 X、Y。
- 定位(Rotation):管脚的方向。
- 管脚长度(Pin Length):设置管脚长度。
- 管脚颜色(Pin Color):设置管脚的颜色,单击管脚长度右边的■按钮。

在本例中管脚长度设置为 300mil。

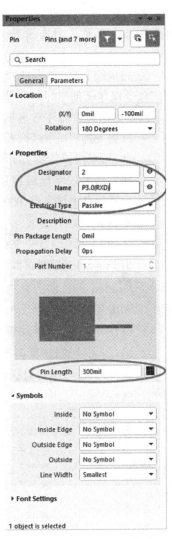

图 4-9　放置管脚前设置其属性

⑦ 当管脚"悬浮"在光标上时,设计者可按 Space 键以 90°间隔逐级增加来旋转管脚。记住,管脚只有其末端[也称热点(Hot End)]具有电气属性,管脚的"热点"放大后如图 ⬡ 所示,也就是在绘制原理图时,只有通过热点与其他元器件的管脚连接。不具有电气属性的另一端靠近该管脚的名字字符。

在图纸中移动十字光标,在适当的位置单击,就可放置元器件的第一个管脚。此时鼠标指针仍保持为十字光标,可以在适当位置继续放置元器件管脚。

⑧ 继续添加元器件剩余管脚,确保管脚名、编号、符号和电气属性是正确的。

注意:管脚 6(P3.2)、管脚 7(P3.3)的外部边沿(元器件轮廓边沿的外侧)处选择 Dot。

放置了所有需要的管脚之后,右击退出放置管脚的工作状态。放置完所有管脚的元器件如图 4-10 所示。

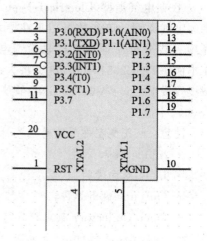

图 4-10 新建元器件 AT89C2051

⑨ 完成绘制后,单击选择"文件(F)"→"保存(S)"命令保存已创建好的元器件。

以下是添加管脚注意事项。

- 放置元器件管脚后,若想改变或设置其属性,可双击该管脚打开管脚属性面板。
- 在管脚名的字母后使用\(反斜杠符号)表示管脚名中该字母带有上画线,如 I\N\T\0\将显示为 $\overline{\text{INT0}}$。
- 选择"工具(T)"→"文档选项(O)"命令,弹出 Properties 控制面板(图 4-6)后,选中 Show Hidden Pins 前的复选框,可查看隐藏管脚的名称和编号;反之,隐藏管脚的名称和编号。
- 设计者可在"元器件管脚编辑器"对话框中直接编辑若干管脚属性如图 4-11 所示,而无须通过"管脚属性"(Pin Properties)对话框逐个编辑管脚属性[在元器件属性(Properties)对话框(图 4-12)中单击 ✐ 按钮可打开"元器件管脚编辑器"对话框]。

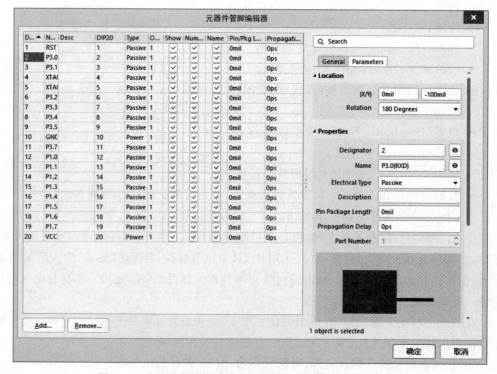

图 4-11 在元器件管脚编辑器对话框中查看和编辑所有管脚

- 对于多部件的元器件,被选中部件的管脚在"元器件管脚编辑器"对话框中将以白色背景方式加以突出,而其他部件的管脚为灰色。设计者仍可以直接选中那些当前未被选中的部件的管脚,双击该管脚打开"元器件管脚编辑器"对话框对管脚属性进行编辑。

4.4　设置原理图元器件属性

每个元器件的属性都与默认的标识符、PCB 封装、模型以及定义的其他元器件属性相关联。以下是设置元器件属性的步骤。

(1) 在 SCH Library 面板的元器件列表中选择元器件,单击"编辑"按钮或双击元器件名,打开 Properties 对话框,如图 4-12 所示。

General 选项区中包含元器件位号(也称标识)、Comment 值、描述等,如图 4-12 所示。

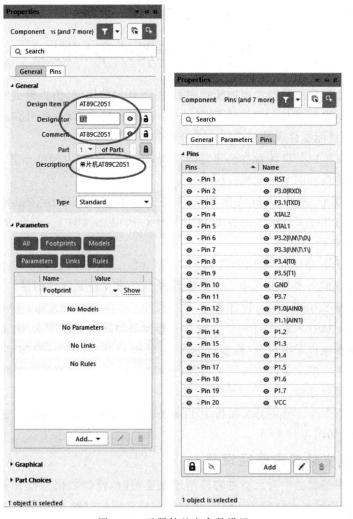

图 4-12　元器件基本参数设置

- Designator(元器件位号):识别元器件的编码,常见的有 R?、C?、U?。
- Comment:一般用来填写元器件的大小或者型号参数,相当于 Value 值的功能。
- Description(描述):用来填写元器件的一些备注信息,如元器件型号、高度参数等。

(2) 设置 Designator 文本框的值为"U?",这是为了方便在原理图中放置元器件时自动放置元器件的标识符。如果放置元器件之前已经定义好了其标识符(按 Tab 键进行编辑),则标识符中的? 将使标识符数字在连续放置元器件时自动递增,如 U1,U2……要显示标识符,需使 Designator 区的 ⊙ 属性有效。

(3) 在 Comment 文本框中为元器件输入注释内容,如 AT89C2051,在将元器件放置到原理图设计图纸上时会显示该注释。该功能需要使 Comment 区的图标 ⊙ 有效。

(4) 在 Description 文本框中输入描述字符串。如对于单片机可输入"单片机 AT89C2051",在进行库搜索时,该字符串会显示在 Libraries 面板上。

(5) 根据需要设置其他参数。

4.5   为原理图元器件添加模型

可以为一个原理图元器件添加任意数目的 PCB 封装模型、仿真模型和信号完整性分析模型。如果一个元器件包含多个模型,如多个 PCB 封装,设计者可在放置该元器件到原理图中时,通过元器件属性对话框选择合适的模型。

模型的来源可以是设计者自己建立的模型,也可以是使用 Altium 库中现有的模型,或者从芯片供应商官网上下载相应模型。

Altium 所提供的 PCB 封装模型包含在安装盘符下 Users\Public\Documents\Altium\AD22\Library 目录下的各类 PCB 库中(.PcbLib 文件)。一个 PCB 库可以包括任意数目的 PCB 封装模型。

一般将用于电路仿真的 SPICE 模型(.ckt 和.mdl 文件)包含在 Altium 安装目录 library 文件夹下的各类集成库中。如果设计者自己建立新元器件的话,一般需要通过该器件供应商获得 SPICE 模型,设计者也可以选择"工具(T)"→XSpice Model Wizard 命令,使用 XSpice Model Wizard 向导功能为元器件添加某些 SPICE 模型(本书不作介绍)。

在原理图库编辑器中打开"模型管理器"对话框允许设计者预览和组织元件模型,如可以为多个被选中的元器件添加同一模型,选择"工具(T)"→"符号管理器(A)"命令可以打开模型管理器对话框。

设计者可以单击 Properties 面板中 Footprint 栏列表下方的 Add 按钮为当前元器件添加封装模型,如图 4-12 所示。

4.5.1   模型文件搜索路径设置

在原理图库编辑器中为元器件和模型建立连接时,模型数据并没有复制或存储在元器件中,因此当设计者在原理图上放置元器件和建立库的时候,要保证所连接的模型是可获取的。使用原理图库编辑器时,元器件到模型的连接方法有以下几种搜索方式。

（1）搜索项目当前所安装的库文件。

（2）搜索当前库安装列表中可用的 PCB 库文件。

（3）搜索位于项目指定搜索路径下的所有模型文件，搜索路径由 Options for Integrated 对话框指定（选择"工程(C)"→"工程选项(O)"命令可以打开该对话框）。

这里将使用不同的方法连接元器件和它的模型，当库文件包(library package)被编译产生集成库(Integrated library)文件时，各种模型被从它们的原文件中复制到集成库里。

4.5.2　为原理图元器件添加封装模型

封装在 PCB 编辑器中代表了元器件，在其他设计软件中可能称为 Pattern。下面将通过一个例子来说明如何为元器件添加封装模型，在例子中需要选取的封装模型名为 DIP-20。

注意：在原理图库编辑器中，当为元器件指定一个 PCB 封装连接时，要求该模型在 PCB 库中已经存在。

（1）在原理图库编辑中（图 4-3），在"模型"栏下面，单击 Add Footprint 按钮，弹出 PCB 模型对话框，如图 4-13 所示。

图 4-13　"PCB 模型"对话框 1

（2）选中"库路径"单选按钮，单击"选择"按钮，弹出 AD22 软件的安装库文件夹对话框，如图 4-14 所示。如果库文件夹的安装文件夹是对的，单击"取消"按钮；如果不对，请选择正确的文件夹。

（3）在"PCB 模型"对话框中单击"浏览(B)"按钮弹出"浏览库"对话框，在该对话框中单击"查找"按钮，弹出"基于文件的库搜索"(File-based Libraries Search)对话框，如图 4-15 所示。

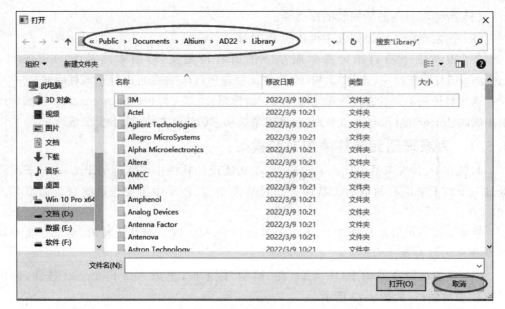

图 4-14　库文件安装路径

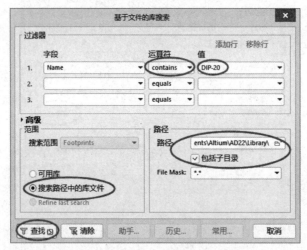

图 4-15　"基于文件的库搜索"对话框

(4) 在"过滤器"选项区,在"字段"下拉列表中选择 Name(名字)选项;在"运算符"下拉列表中选择 contains(包含)选项;在"值"文本框中输入封装的名字 DIP-20。

(5) 在"范围"选项区,在"搜索范围"下拉列表中选择默认 Footprints;选中单选按钮"搜索路径中的库文件",并设置"路径"为 Altium Designer 安装目录下的 Library 文件夹(D:\Users\Public\Documents\Altium\AD22\Library),同时确认选中了"包括子目录"复选框。单击"查找"按钮,弹出"浏览库"对话框,开始查找,找到的结果如图 4-16 所示。

(6) 在"浏览库"对话框中可以看到,有 3 个 DIP-20 封装,分别属于不同的库,选中第 1 个 DIP-20,弹出 Confirm(确认)对话框,如图 4-17 所示,提示"PLD 库当前是无效的,需要安装吗?",单击"是"按钮,该库被安装,安装成功后的界面如图 4-18 所示。

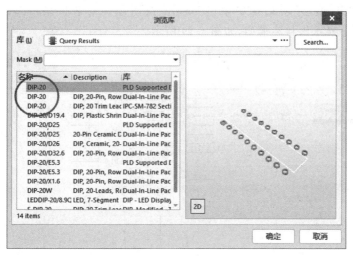

图 4-16　"浏览库"对话框

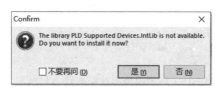

图 4-17　确认对话框

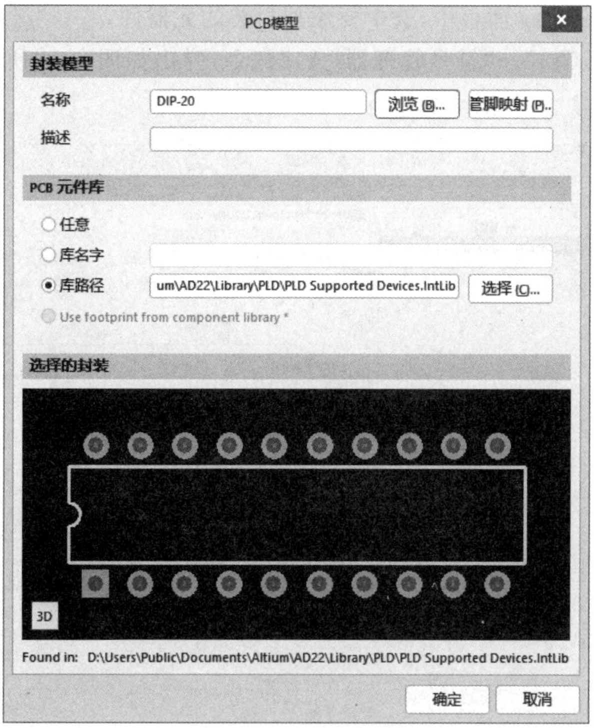

图 4-18　"PCB 模型"对话框 2

（7）在"PCB 模型"对话框中单击"确定"按钮添加封装模型，此时在工作区底部 Editor 列表中会显示该封装模型，如图 4-19 所示。

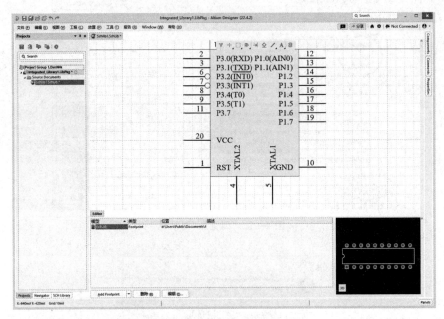

图 4-19　封装模型已被添加到 AT89C2051

4.5.3　用模型管理器为元器件添加封装模型

（1）在 SCH Library 面板中，选中要添加封装的元器件。

（2）选择"工具（T）"→"符号管理器（A）"命令，弹出如图 4-20 所示的"模型管理器"对话框。

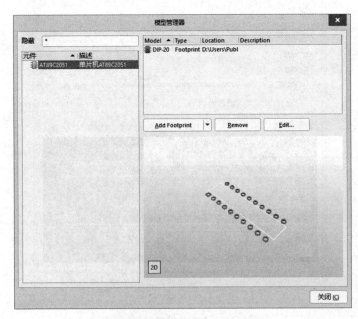

图 4-20　"模型管理器"对话框

（3）单击 Add Footprint 按钮，弹出如图 4-13 所示的"PCB 模型"对话框，以下操作与 4.5.2 小节介绍的方法相同，即可为选中的元器件添加封装模型。

本书只介绍了为原理图元器件添加封装模型，实际上还可以为原理图元器件添加仿真（SPICE）模型、信号完整性模型等，如图 4-21 所示。本书不对这方面的内容进行介绍，设计者可查看相关资料。

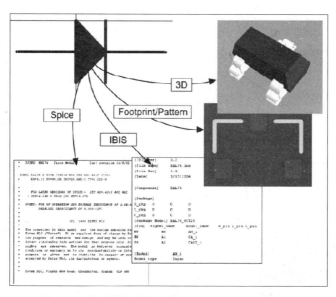

图 4-21　将元器件的各个模型添加到原理图符号中

4.6　从其他库复制元器件

有时设计者需要的元器件在 Altium Designer 提供的库文件中可以找到，但其所提供的元器件图形可能无法满足设计者的需要，这时可以把该元器件复制到自己创建的库里，然后对该元器件进行修改，以满足需要。本节将介绍该方法，并为后续的数字钟电路准备数码管器件。

4.6.1　在原理图中查找元器件

（1）临时新建一个 PCB 工程项目，新建一个原理图图纸，在原理图编辑器中查找数码管 DPY Blue-CA，在"库（Components）"面板中，单击 ≡ 按钮，弹出下拉菜单，选择 File-based Libraries Search…命令，如图 4-22 所示，弹出"库搜索"对话框。

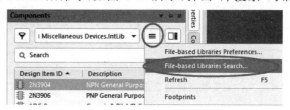

图 4-22　选择 File-based Libraries Search 命令

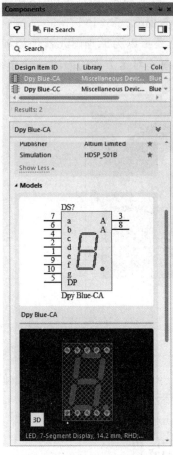

图 4-23　找到的数码管

（2）在"库搜索"对话框中选择"过滤器"选项区域，在"字段"下拉列表中选择 Name（名字）选项；在"运算符"下拉列表中选择 contains（包含）；在"值"文本框中输入数码管的名字 * DPY B *（ * 符号表示匹配所有的字符）。

（3）在"库搜索"对话框中的"范围"选项区，在"搜索范围"下拉列表中选择 Components，选中"搜索路径中的库文件"单选按钮，并设置"路径"为 Altium Designer 安装目录下的 Library 文件夹（D:Users\ Public\Documents\Altium\AD22\Library），同时确认选中了"包括子目录"复选框，单击"查找"按钮。

（4）查找的结果如图 4-23 所示。如果元器件图形符号不能显示，单击"库"面板右边的展开符号 ⌃ 。

关闭临时新建的 PCB 工程项目及原理图图纸，不需要保存。

4.6.2　从其他库中复制元器件

设计者可从其他已打开的原理图库中复制元器件到当前原理图库，然后根据需要对元器件属性进行修改。如上面找到的数码管器件 Dpy Blue-CA 在系统提供的集成库 Miscellaneous Devices. IntLib 中，如需要它则需要先打开此集成库文件。为了保护系统提供的库，通常不采用此方法，而是将该库复制到 F 盘，然后打开 F 盘上的集成库。以下是操作方法。

（1）进入源文件夹（D:Users\Public\Documents\Altium\AD22\Library），找到集成库文件 Miscellaneous Devices. IntLib，将它复制到 F 盘。

（2）双击该文件，弹出如图 4-24 所示的"解压源文件或安装"对话框，单击"解压源文件"按钮，释放的库文件如图 4-25 所示。

图 4-24　摘录源文件或安装文件对话框

图 4-25　释放的集成库

（3）在 Projects 面板中双击该库文件名（Miscellaneous Devices. SchLib），打开该库文件。

（4）在 SCH Library 面板上方的"过滤器"中输入 Dpy * 后,将在下方的元器件列表区显示以 Dpy 开头的元器件,选择需要复制的元器件 DPY Blue-CA,该元器件将显示在设计窗口中,如图 4-26 所示。如果 SCH Library 面板没有显示,可单击窗口底部的 Panels 按钮,在弹出的菜单中选择 SCH Library 命令。

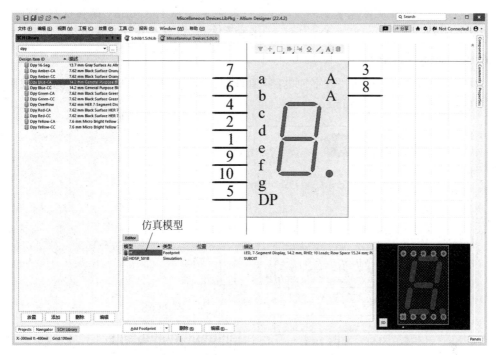

图 4-26 找到的 DPY Blue-CA 元器件

（5）选择"工具（T）"→"复制器件（Y）"命令将弹出 Destination Library 目标库对话框如图 4-27 所示。

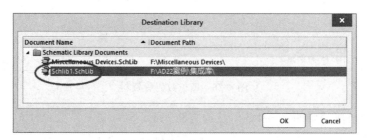

图 4-27 复制元器件到目标库的库文件

（6）选择想将元器件复制到的某目标库（Schlib1.SchLib）的库文件,如图 4-27 所示,单击 OK 按钮,元器件将被复制到目标库文件中（元件可从当前库中复制到任一个已打开的库中）。

设计者可以通过 SCH Library 面板一次复制一个或多个元器件到目标库,按住 Ctrl 键单击元器件名可以离散地选中多个元器件,按住 Shift 键单击元器件名可以连续地选中多个元器件,保持选中状态并右击,在弹出的快捷菜单中选择"复制"命令；然后打开目标文件库,选择 SCH Library 面板,右击元器件列表区域,在弹出的菜单中选择"粘贴"命令即可将选中的多个元器件复制到目标库。

如果要在目标库中删除复制的多余元器件,则选中并在该元器件上右击,在弹出快捷菜单中选择"删除"命令。

注意:将元器件从源库复制到目标库,一定要通过 SCH Library 面板进行操作。复制完成后,请将 Miscellaneous Devices. SchLib 库关闭,以避免破坏该库内的元器件。

4.6.3　修改元器件

由于下一个案例是绘制"数字钟电路"原理图,数码管选择 2481BS,在网上查找到的 2481BS 的资料,如图 4-28 所示。

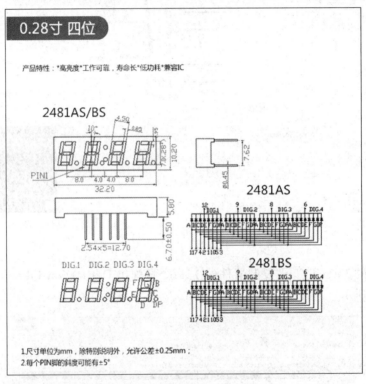

图 4-28　四位数码管资料

把数码管改成需要的 2481BS 形状的方法如下。

(1) 选择如图 4-26 所示的元器件,把它移动到左边,把管脚 3、8 移动到边上,如图 4-29 所示。

(2) 原理图库编辑器的状态显示条(底端左边位置)会显示当前网格信息,如图 4-26 所示,按 G 键可以在定义好的 3 种网格(10mil、50mil、100mil)设置中轮流切换,本例中设置网格值(Grid)为 10。复制中间的 8 及"小数点"字,选择 8 及"小数点"字,按 Ctrl+C 组合键复制,按 Ctrl+V 组合键粘贴 3 个 8 及"小数点",坐标分别为(740mil,−450mil)、(1140mil,−450mil)、(1540mil,−450mil),如图 4-29 所示。

(3) 复制 2 个小数点作为时钟的"秒"点,坐标分别为(910mil,−360mil)、(910mil,

图 4-29　把数码管改成需要的形状

—540mil)。把左边的黄色矩形框移动到右边,把黄色矩形框拉大,覆盖 4 个 8 字,黄色矩形框左上角坐标为(0mil,0mil),右下角坐标为(1880mil,—900mil)。

（4）按时钟数码管的标准修改管脚的管脚号,并移动管脚,添加 2 个管脚,如图 4-30所示。

（5）如果觉得数码管小数点的位置离 8 字较远,可以移动小数点,小数点的坐标分别为(450mil,—650mil)、(850mil,—650mil)、(1250mil,—650mil)、(1650mil,—650mil),如图 4-31 所示。

图 4-30　修改好的数码管

图 4-31　移动小数点后的数码管

（6）也可以重新画"8"字,方法是,选择"放置(P)"→"线(L)"命令,按 Tab 键,可编辑线段的属性,如图 4-32 所示。选线宽(Line)为 Medium,线种类(Line Style)为 Solid,选择需要的颜色。设置好后,返回库编辑器界面,即可画出需要的"8"字。

（7）小数点的画法。选择"放置(P)"→"椭圆(E)"命令,按 Tab 键,可编辑椭圆的属性,如图 4-33 所示。选边界的宽度为 Medium,边界颜色与填充色的颜色一致(与线段的颜色相同)。设置好后,返回库编辑器界面,此时在光标处"悬浮"着椭圆轮廓,首先用鼠标在需要的位置定圆心,再定 X 方向的半径,最后定 Y 方向的半径,即可画好小数点。

修改好的数码管如图 4-31 所示,把网格 Grid 改为 100。

（8）设置数码管元器件属性。在 SCH Library 面板的元器件列表中选择 Dpy Blue-CA,单击"编辑"按钮或双击元器件名,打开 Properties 对话框,如图 4-34 所示。

在 Designator 文本框中输入为"DS?";在 Comment 文本框中输入 2481BS;在 Description

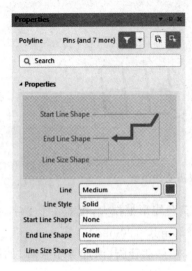

图 4-32　设置 Line 的属性

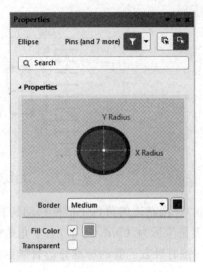

图 4-33　设置 Ellipse 的属性

图 4-34　设置数码管元器件属性

文本框中输入"四位数码管";选中 Parameters 栏所有参数,按移除按钮,把所有参数删除;把如图 4-26 所示的"模型"栏的 HDSP_501B 的仿真模型删除,以避免在第 7 章中绘制数字钟电路原理图时出现模型找不到的错误。

4.7　创建多部件原理图元器件

　　前面示例中所创建的两个元器件的模型代表了整个元器件,即单一模型代表了元器件制造商所提供的全部物理意义上的信息(如封装)。但有时一个物理意义上的元器件只代表某一部件会更好。比如一个由 8 只分立电阻构成,每一只电阻可以被独立使用的电阻网络。再如 2 输入四与门芯片 74LS08,如图 4-35 所示,该芯片包括四个 2 输入与门,这些 2 输入与门可以独立地被随意放置在原理图上的任意位置,此时将该芯片描述成四个独立的 2 输入与门部件,比将其描述成单一模型更方便实用。四个独立的 2 输入与门部件共享一个元器件封装,如果在一张原理图中只用了一个与门,在设计 PCB 板时还是用一个元器件封装,只是闲置了 3 个与门;如果在一张原理图中用了四个与门,在设计 PCB 板时还是只用一个元器件封装,没有闲置与门。多部件元器件是将元件按照独立的功能块进行描绘的一种方法。

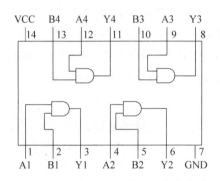

图 4-35　2 输入四与门芯片 74LS08 的管脚图及实物图

　　以下是创建 74LS08 2 输入四与门电路的步骤。

　　(1) 在原理图库(Schematic Library)编辑器中选择"工具(T)"→"新元器件(C)"命令,弹出 New Component 对话框。另一种方法是在 SCH Library 库面板,单击元器件列表处的"添加"按钮,弹出 New Component 对话框。

　　(2) 在 New Component 对话框内输入新元器件名称 74LS08,单击"确定"按钮,在 SCH Library 面板元器件列表中将显示新元器件名,同时显示一张中心位置有一个巨大十字准线的空元器件图纸以供编辑时使用。

　　下面将详细介绍如何建立第一个部件及其管脚,其他部件将以第一个部件为基础来建立,只需要更改管脚序号即可。

4.7.1　建立元器件轮廓

　　元器件体由若干线段和圆角组成,选择"编辑(E)"→"跳转(J)"→"原点(O)"命令使元器件原点在编辑页的中心位置,同时要确保网格清晰可见(快捷键为 PgUp)。

1. 放置线段

(1) 为了画出的符号清晰、美观,Altium Designer 状态显示条会显示当前网格信息,本例中设置网格值为 50mil。

(2) 选择"放置(P)"→"线(L)"命令或单击工具栏按钮 ,光标变为十字准线,进入折线放置模式。

(3) 按 Tab 键设置线段属性,在如图 4-32 所示对话框中的 Polyline 选项区中设置线段宽度为 Small,颜色为蓝色。

(4) 参考状态显示条左侧(X,Y)坐标值,将光标移动到(250,−50)位置,按 Enter 键选定线段起始点,之后单击各分点位置从而分别画出折线的各段[单击位置分别为(0,−50)、(0,−350)、(250,−350),单位 mil],如图 4-36 所示。

(5) 完成折线绘制后,右击或按 Esc 键退出放置折线模式。注意要保存元件。

2. 绘制圆弧

放置一个圆弧需要设置 4 个参数,即中心点、半径、圆弧的起始角度、圆弧的终止角度。

注意: 可以按 Enter 键代替单击方式放置圆弧。

(1) 选择"放置(P)"→"弧(A)"命令,光标处显示最近所绘制的圆弧,进入圆弧绘制模式。

(2) 移动光标到(250,−200)位置,单击选定圆弧的中心点位置,再单击依次选定圆弧半径、起始角度、终止角度,右击退出圆弧放置模式,刚绘制的圆弧处于选中状态。

(3) 单击刚绘制的圆弧,弹出 Properties 对话框,设置圆弧的属性,这里将半径设置为 150mil,起始角度设置为 270°,终止角度为 90°,线条宽度为 Small,颜色设置为与折线相同的颜色,如图 4-37 所示。

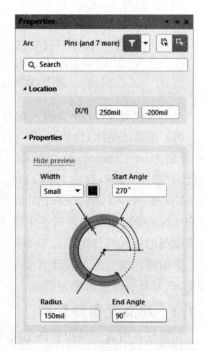

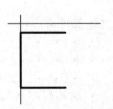

图 4-36　放置折线并确定了元器件体第一部件的范围　　图 4-37　在 Arc 对话框中设置圆弧属性

4.7.2　添加信号管脚

设计者可使用前面在创建 AT89C2051 单片机时所介绍的方法为元器件第一部件添加管脚,如图 4-38 所示,管脚 1 的 Name 处输入 A1,取消显示,在 Electrical Type 上设置为输入管脚(Input);管脚 2 的 Name 处输入 B1,取消显示,在 Electrical Type 上设置为输入管脚(Input);管脚 3 的 Name 处输入 Y1,取消显示,在 Electrical Type 上设置为输出管脚(Output),所有管脚长度(Pin Length)均为 200mil。

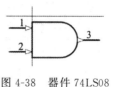

图 4-38　器件 74LS08 的部件 A

如图 4-38 所示,对于管脚方向可在放置管脚时按 Space 键以 90°间隔逐级增加来旋转确定。

4.7.3　建立元器件其余部件

(1) 选择"编辑"→"选择"→"全部"命令(快捷键为 Ctrl+A)选择目标元器件。

(2) 选择"编辑"→"拷贝"命令(快捷键为 Ctrl+C)将前面所建立的第一部件复制到剪贴板。

(3) 选择"工具"→"新部件"命令显示空白元器件页面,此时若在 SCH Library 面板元器件列表中单击元器件名左侧"+"标识,将看到 SCH Library 面板元器件部件计数被更新,包括 Part A(部件 A)和 Part B(部件 B)两个部件,如图 4-39 所示。

(4) 选择部件 B,选择"编辑"→"粘贴"命令(快捷键为 Ctrl+V),光标处将显示元器件部件轮廓,以原点(黑色十字准线为原点)为参考点,将其作为部件 B 放置在页面的对应位置,如果位置没对应好可以移动部件调整位置。

(5) 根据如图 4-35 所示的管脚编号,对部件 B 的管脚编号逐个进行修改。双击管脚,在弹出的"管脚属性"对话框中修改管脚编号和名称,修改后的部件 B 如图 4-40 所示。

图 4-39　部件 B 被添加到元器件

图 4-40　74LS08 部件 B

(6) 重复步骤(3)~步骤(5)生成余下的两个部件,即部件 C 和部件 D,如图 4-41 所示,并保存库文件。

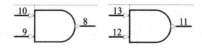

图 4-41　74LS08 的部件 C 和部件 D

4.7.4　添加电源管脚

为元器件定义电源管脚有两种方法。

（1）建立元器件的第五个部件，在该部件上添加 VCC 管脚和 GND 管脚，这种方法需要选中 Component Properties 对话框的第五部件的锁关闭（Part Part i ▼ of Parts 5 🔒），以确保在对元器件部件进行重新注释的时候电源部分不会跟其他部件交换。

（2）直接添加电源与接地管脚。选中部件 A，为元器件添加 VCC(Pin14)和 GND(Pin7)管脚，将 Electrical Type(电气类型)设置为 Power，如图 4-42 所示。

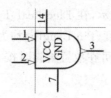

图 4-42　部件 A 显示出隐藏的电源管脚

4.7.5　设置元器件属性

（1）在 SCH Library 面板的元器件列表中选中目标元器件后，单击"编辑"按钮进入 Component Properties 对话框，设置 Designator 为"U?"，设置 Description 为"2 输入四与门"，并在"模型"列表中添加名为 DIP-14 的封装，下一章介绍使用 PCB Component Wizard 向导建立 DIP14 封装模型。

（2）选择"工具"→"文档选项"命令，弹出如图 4-6 所示 Properties 控制面板，在该面板中可设置相应的单位及其他图纸属性，选中 Show Comment/Designator 前的复选框，可查看 Comment、Designator 内容。

（3）选择"文件"→"保存"命令保存该元器件。

本章在原理图库内创建了 3 个元器件(图 4-43)，掌握了在原理图库内创建元器件的基本方法，设计者可以根据需要在该库内创建多个元器件。

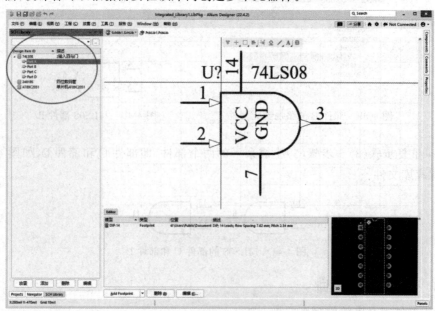

图 4-43　在原理图库内创建了 3 个元器件

4.8　检查元器件并生成报表

对建立一个新元器件库是否成功进行检查,会生成 3 个报表,生成报表之前需确认已经对库文件进行了保存,关闭报表文件后会自动返回 Schematic Library Editor 界面。

4.8.1　元器件规则检查器

元器件规则检查器会检查出管脚重复定义或者丢失等错误,以下为检查步骤。

(1) 选择"报告"→"元器件规则检查",弹出"库元器件规则检测"对话框,如图 4-44 所示。

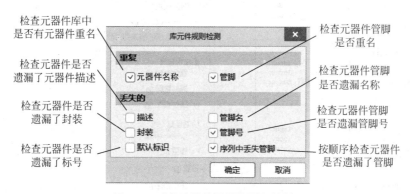

图 4-44　"库元器件规则检测"对话框

(2) 设置想要检查的各项属性(一般选择默认值),单击"确定"按钮,将在 Text Editor 中生成 Schlib1.ERR 文件,如图 4-45 所示(对话框显示没有错误)。如果库内创建的元器件有错,则对话框将列出所有违反了规则的元件。

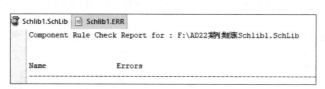

图 4-45　生成的元器件规则检查报告

(3) 如果有错误,需要对原理图库进行修改,修改后重新检查,直到没有错误为止。

(4) 保存原理图库。

4.8.2　元器件报表

以下是生成包含当前元器件可用信息的元器件报表的步骤。

(1) 选择"报告"→"元器件"命令。

(2) 系统显示 Schlib1.cmp 报表文件,里面包含了选中元器件各个部分及管脚细节信息,如图 4-46 所示。

4.8.3　库报表

若要为库里面所有元器件生成完整报表,可选择"报告"→"库报告"命令,弹出"库报告设置"对话框,如图 4-47 所示。在设计者的集成库的文件夹内生成 Schlib1.doc 的 Word 报告文件,如图 4-48 所示,该报告文件列出了库内所有元器件的信息。

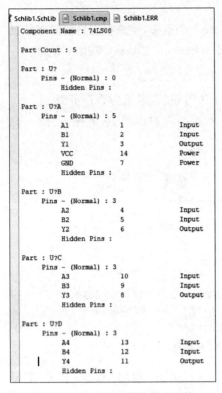

图 4-46　生成的元器件报表文件

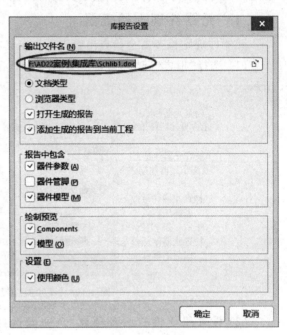

图 4-47　库报告设置

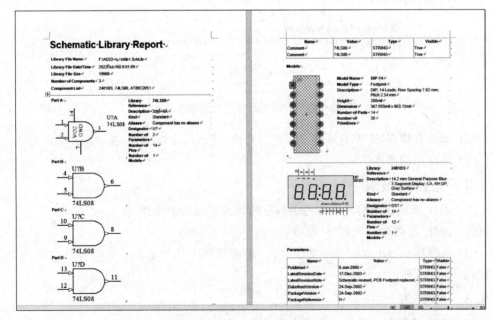

图 4-48　Schlib1.doc 的报告文件

本 章 小 结

　　本章介绍了集成库、原理图库、PCB 库的含义,使读者熟悉原理图库编辑器,并讲解了单部件元器件及多部件元器件的创建方法,从系统提供的库中复制元器件并将其修改为自己需要的元器件,以减少设计的工作量。希望设计者掌握以上内容,因为绘制原理图的基础工作是先查找元器件,并不是所有的元器件在系统提供的库内及网络资源上都能找到,所以一定要学会怎样建库。

习　题　4

　　(1) 在 Altium Designer 中使用集成库可以给设计者带来哪些方便?

　　(2) 集成库内可以包括哪些库文件?

　　(3) 在 Altium Designer 的安装库文件夹下,查看有哪些公司的库文件? 哪些是集成库? 哪些是原理图库? 哪些是封装库?

　　(4) 复制安装盘符下的\Users\Public\Documents\Altium\AD22\Library\Altera\Altera Cyclone Ⅲ. IntLib 集成库到自己新建的文件夹内,双击该文件名,自动启动 Altium Designer,选择"解压源文件"命令从集成库中提取出库的源文件,查看该集成库是由哪些库编译而成,在原理图库编辑内,查看该库元器件添加了哪些模型。

　　(5) 能否对集成库进行修改? 如果要修改集成库,该怎么操作?

　　(6) 在 Altium Designer 的库文件中,能找到 AT89C52 单片机吗?

　　(7) 在硬盘上以自己的姓名建立一个文件夹,在该文件夹下新建一个集成库文件包,命名为 Integ_Lib. LibPkg,再新建一个原理图库文件,命名为 MySchlib. SchLib。

　　(8) 在原理图库文件 MySchlib. SchLib 内,建立 AT89C52 单片机、内置晶振的 USB 转串芯片 CH340C、数码管、74LS00(四组 2 输入端与非门)等器件,并为建立的这 4 个器件添加封装模型。

　　(9) 将库文件 Miscellaneous Devices. IntLib 中的 2N3904 复制到 MySchlib. SchLib 库文件中。

第5章

元器件封装库的创建

任务描述

第4章介绍了原理图元器件库的建立,本章进行封装库的介绍。为第4章介绍的3个元器件建立封装,并为这3个封装建立3D模型。本章包含以下内容:

- 建立一个新的 PCB 库;
- 使用 PCB Component Wizard 向导为一个原理图元器件建立 PCB 封装;
- 手动建立封装;
- 介绍一些特殊的封装要求(如添加外形不规则的焊盘);
- 创建元器件三维模型;
- 创建集成库。

使用元器件
向导创建
DIP20 封装

元器件封装指与实际元器件形状和大小相同的投影符号。Altium Designer 为 PCB 设计提供了比较齐全的各类直插元器件和表面贴装元器件(SMD)的封装库,这些封装库位于 Altium Designer 安装文件夹 D:\Users\Public\Documents\Altium\AD22\Library\PCB 中。由于电子技术的飞速发展,一些新型元器件不断出现,这些新元器件的封装在元器件封装库中可能无法找到,解决这个问题的方法就是利用 Altium Designer PCB 库编辑器制作新的元器件封装。

在实际应用中,电阻、电容的封装名称分别是 AXIAL 和 RAD,对于具体的对应可以不作严格的要求,因为电阻、电容都有两个管脚,管脚之间的距离可以不作严格的限制。直插元器件有双排和单排之分,双排的被称为 DIP,单排的被称为 SIP。表面贴装元器件的名称是 SMD,贴装元器件又有宽窄之分,窄的代号是 A,宽的代号是 B。在电路板的制作过程中,往往会用到插头,它的名称是 DB。

5.1 常见的元器件封装技术

要知道,封装的好坏情况将直接影响芯片自身性能的发挥和与之连接的 PCB 设计和制造。所以,封装技术至关重要。

衡量一个芯片封装技术先进与否的重要指标是芯片面积与封装面积之比,这个比值越接近 1 越好。

封装时主要考虑以下因素。

- 芯片面积与封装面积之比,为提高封装效率,应尽量接近 1∶1。
- 引脚要尽量短以减少延迟,引脚间的距离尽量远,以保证互不干扰,提高性能。
- 基于散热的要求,封装越薄越好。

封装大致经过了以下发展进程。

- 结构方面:TO→DIP→PLCC→QFP→BGA→CSP。
- 材料方面:金属、陶瓷→陶瓷、塑料→塑料。
- 引脚形状:长引线直插→短引线或无引线贴装→球状凸点。
- 装配方式:通孔插装→表面组装→直接安装。

下面介绍具体的封装形式。

1. SOP/SOIC 封装

SOP 是英文 Small Outline Package 的缩写,即小外形封装,如图 5-1 所示。

SOP 封装技术由 1968—1969 年菲利浦公司开发成功,以后逐渐派生出以下封装。

(1) SOJ:J 型引脚小外形封装。

(2) TSOP:薄小外形封装。

(3) VSOP:甚小外形封装。

(4) SSOP:缩小型 SOP。

(5) TSSOP:薄的缩小型 SOP。

(6) SOT:小外形晶体管。

(7) SOIC:小外形集成电路。

2. DIP 封装

DIP 是英文 Double In-line Package 的缩写,即双列直插式封装,如图 5-2 所示。

插装型封装之一,引脚从封装两侧引出,封装材料有塑料和陶瓷两种。DIP 是最普及的插装型封装,应用范围包括标准逻辑 IC,存储器 LSI,以及微机电路等。

3. PLCC 封装

PLCC 是英文 Plastic Leaded Chip Carrier 的缩写,即塑封 J 引线芯片封装,如图 5-3 所示。

图 5-1　SOP 封装　　　　图 5-2　DIP 封装　　　　图 5-3　PLCC 封装

PLCC 封装方式,外形呈正方形,32 脚封装,四周都有管脚,外形尺寸比 DIP 封装小得多。PLCC 封装适合用 SMT 表面安装技术在 PCB 上安装布线,具有外形尺寸小、可靠性高的优点。

4. TQFP 封装

TQFP 是英文 Thin Quad Flat Package 的缩写,即薄塑封四角扁平封装,如图 5-4 所示。四角扁平封装工艺能有效利用空间,从而降低对印刷电路板空间大小的要求。

由于缩小了高度和体积,这种封装工艺非常适合对空间要求较高的应用,如 PCMCIA 卡和网络器件。几乎所有 ALTERA 的 CPLD/FPGA 都有 TQFP 封装。

5. PQFP 封装

PQFP 是英文 Plastic Quad Flat Package 的缩写,即塑封四角扁平封装,如图 5-5 所示。

PQFP 封装的芯片引脚之间距离很小,管脚很细。一般大规模或超大规模集成电路采用这种封装形式,其引脚数一般都在 100 以上。

6. TSOP 封装

TSOP 是英文 Thin Small Outline Package 的缩写,即薄型小尺寸封装,如图 5-6 所示。TSOP 内存封装技术的一个典型特征就是在封装芯片的周围做出引脚。TSOP 适合用 SMT(表面安装)技术在 PCB 上安装布线。

图 5-4　TQFP 封装　　　　　图 5-5　PQFP 封装　　　　　图 5-6　TSOP 封装

TSOP 封装外形,寄生参数(电流大幅度变化时,引起输出电压扰动)减小,适合高频应用,操作比较方便,可靠性也比较高。

7. BGA 封装

BGA 是英文 Ball Grid Array Package 的缩写,即球栅阵列封装,如图 5-7 所示。在 20 世纪 90 年代,随着技术的进步,芯片集成度不断提高,I/O 引脚数急剧增加,功耗也随之增大,对集成电路封装的要求也更加严格。为了满足发展的需要,BGA 封装开始被应用于生产。

图 5-7　BGA 封装

采用 BGA 技术封装的内存,可以使内存在体积不变的情况下内存容量提高两到三倍,BGA 与 TSOP 相比,具有更小的体积,更好的散热性和电性能。BGA 封装技术使每平方英寸的存储量有了很大提升,采用 BGA 封装技术的内存产品在相同容量下,体积只有 TSOP 封装的三分之一。另外,与传统 TSOP 封装方式相比,BGA 封装方式有更加快速和有效的散热途径。

BGA 封装的 I/O 端子以圆形或柱状焊点按阵列形式分布在封装下面,BGA 技术的优点是 I/O 引脚数虽然增加了,但引脚间距并没有减小反而增加了,从而提高了组装成品率。虽然它的功耗增加,但 BGA 能用可控塌陷芯片法焊接,从而可以改善它的电热性能。其主要优点包括厚度和重量都较以前的封装技术有所减少;寄生参数减小,信号传输延迟小,使用频率大大提高;组装可用共面焊接,可靠性高。

8. TinyBGA 封装

说到 BGA 封装,就不能不提 Kingmax 公司的专利 TinyBGA 技术。TinyBGA 英文全称为 Tiny Ball Grid,属于 BGA 封装技术的一个分支,是 Kingmax 公司于 1998 年 8 月开发成功的。其芯片面积与封装面积之比不小于 1:1.14,可以使内存在体积不变的情况下内存容量提高 2~3 倍。与 TSOP 封装产品相比,其具有更小的体积、更好的散热性能和电性能。

采用 TinyBGA 封装技术的内存产品,在相同容量情况下体积,只有 TSOP 封装的 1/3。TSOP 封装内存的引脚是由芯片四周引出的,而 TinyBGA 则是由芯片中心方向引出。这种方式有效地缩短了信号的传导距离,信号传输线的长度仅是传统的 TSOP 技术的 1/4,因此信号的衰减也随之减少。这样不仅大幅提升了芯片的抗干扰、抗噪性能,而且提高了电性能。采用 TinyBGA 封装芯片可抗高达 300MHz 的外频,而采用传统 TSOP 封装技术最高只可抗 150MHz 的外频。

TinyBGA 封装的内存其厚度也更薄(封装高度小于 0.8mm),从金属基板到散热体的有效散热路径仅有 0.36mm。因此,TinyBGA 内存拥有更高的热传导效率,非常适用于长时间运行的系统,稳定性极佳。

9. QFP 封装

QFP 是 Quad Flat Package 的缩写,即小型方块平面封装,如图 5-8 所示。QFP 封装在早期的显卡上使用的比较频繁,但少有速度在 4ns 以上的 QFP 封装显存,因为工艺和性能的问题,目前已经逐渐被 TSOP-Ⅱ 和 BGA 所取代。QFP 封装在颗粒四周都带有针脚,识别起来相当明显。四侧引脚扁平封装。表面贴装型封装之一,引脚从四个侧面引出呈海鸥翼(L)型。

图 5-8 QFP 封装

基材有陶瓷、金属和塑料三种。从数量上看,塑料封装占绝大部分。当没有特别表示出材料时,多数情况为塑料 QFP。塑料 QFP 是最普及的多引脚 LSI 封装,不仅用于微处理器、门陈列等数字逻辑 LSI 电路,而且也用于 VTR 信号处理、音响信号处理等模拟 LSI 电路。

引脚中心距有 1.0mm、0.8mm、0.65mm、0.5mm、0.4mm、0.3mm 等多种规格,0.65mm 中心距规格中最多引脚数为 304。

5.2 建立 PCB 元器件封装

封装可以从电路板编辑器(PCB Editor)复制到 PCB 库,从一个 PCB 库复制到另一个 PCB 库,也可以通过 PCB 库编辑器(PCB Library Editor)的 PCB Component Wizard 或绘图工具画出来。在一个 PCB 设计中,如果所有的封装已经放置好,设计者可以在电路板编辑器(PCB Editor)中选择"设计"→"生成 PCB 库"命令生成一个包含当前 PCB 上所有元器件的 PCB 封装库。

为了介绍 PCB 封装建立的一般过程,本章介绍的示例采用手动方式创建 PCB 封装,这种方式所建立的封装其尺寸大小也许并不准确,实际应用时需要设计者根据器件制造商提供的元器件数据手册进行检查。

5.2.1　建立一个新的 PCB 库

1. 建立新的 PCB 库

建立新的 PCB 库的步骤如下。

(1) 选择"文件"→"新的"→"库"→"PCB 元件库"命令,建立一个名为 PcbLib1.PcbLib 的 PCB 库文档,同时显示名为 PCB Component_1 的空白元器件页,并显示 PCB Library 库面板,如图 5-9 所示。如果 PCB Library 库面板未出现,单击设计窗口右下方的 Panels 按钮,在弹出的上拉菜单中选择 PCB Library 命令。

(2) 可以选择"文件"→"保存"命令,以默认文件名 PcbLib1.PcbLib 保存该文档。新 PCB 封装库是库文件包的一部分,如图 5-9 所示。

(3) 单击选中 PCB Library 选项卡进入 PCB Library 面板。

(4) 单击 PCB 库编辑器(PCB Library Editor)工作区的灰色区域,能够看清网格点,如图 5-10 所示。如果不能看清网格点,可以并按 PgUp 键进行放大(或按 PgDn 键进行缩小),能够看清网格点。

图 5-9　添加了封装库的库文件包

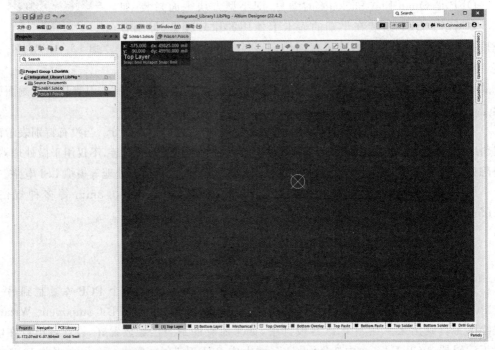

图 5-10　PCB 库编辑器(PCB Library Editor)工作区

现在就可以使用 PCB 库编辑器(PCB Library Editor)提供的命令在新建的 PCB 库中添加、删除或编辑封装了。

PCB 库编辑器用于创建和修改 PCB 元器件封装,管理 PCB 元器件库。PCB 库编辑器还提供 Component Wizard,它将引导设计者创建标准类的 PCB 封装。

2. PCB Library 编辑器面板

PCB 库编辑器的 PCB Library 面板提供操作 PCB 元器件的各种功能。PCB Library 面板的 Footprints(封装)选项区列出了当前选中库的所有元器件,如图 5-11 所示。

(1) 在 Footprints 选项区中右击将弹出快捷菜单,设计者可以新建空白元器件、编辑元器件属性、复制或粘贴选定元器件,或更新开放 PCB 的元器件封装。

请注意快捷菜单中的"复制""剪切"命令可用于选中的多个封装并支持以下操作。

- 在库内部执行复制和粘贴操作。
- 从 PCB 板进行复制、粘贴到库。
- 在 PCB 库之间执行复制、粘贴操作。

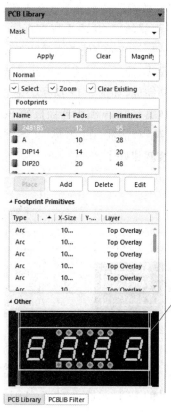

选择框选中的部分在设计窗口显示

图 5-11　PCB Library 面板

(2) Footprints Primitives 选项区列出了属于当前选中元器件的图元。单击列表中的图元,在设计窗口中加亮显示。

(3) 在元器件的图元区域下的 Other 区域是元器件封装模型显示区,该区有一个选择框,选择框选择哪一部分,设计窗口就显示哪部分,可以调节选择框的大小。

3. 建电容的封装

为了熟悉建封装元器件的步骤,建一个简单的电容封装 RAD-0.3。

(1) 在如图 5-10 所示的封装库编辑界面上放置焊盘,选择"放置"→"焊盘"命令或单击工具栏 ⊙ 按钮,光标处将出现焊盘,利用状态栏显示坐标,将第一个焊盘拖到(X:0mil,Y:0mil)位置,单击或者按 Enter 键确认放置。

(2) 放置完第一个焊盘后,光标处自动出现第二个焊盘,将第二个焊盘放到(X:300mil,Y:0mil)位置。

注意:焊盘标识会自动增加。

PCB 丝印层的元器件外形轮廓在 Top Overlay(顶层)中定义,如果元器件放置在电路板底面,则该丝印层自动转为 Bottom Overlay(底层)。按 G 键设置 Grid(网格)为 5mil。

(3) 在绘制元器件轮廓之前,先确定它们所属的层,单击编辑窗口底部的 Top Overlay 标签。

（4）选择"放置"→"线条"命令或单击  按钮,将光标移到（−75mil,−75mil）处单击,绘出线段的起始点,移动光标到（＋375mil,−75mil）处单击绘出第一条段线,移动光标到（＋375mil,＋75mil）处单击绘出第二条段线,移动光标到（−75mil,＋75mil）处单击绘出第三条段线,然后移动光标到起始点（−75mil,−75mil）处单击绘出第四条段线,电容的外框绘制完成,如图 5-12 所示。右击或按 Esc 键退出线段放置模式。

（5）在 PCB Library 编辑器面板的 Footprints 选项区中,双击 PCBCOMPONENT_1,弹出"PCB 库封装"对话框,在"名称"文本框中,将封装名改为 RAD-0.3,如图 5-13 所示,这样电容的封装就建好了。

图 5-12　电容封装　　　　　　　　图 5-13　"PCB 库封装"对话框

5.2.2　使用"PCB 元器件向导"创建封装

对于标准的 PCB 元器件封装,Altium Designer 为用户提供了"PCB 元器件封装向导"（PCB Component Wizard）,帮助用户完成 PCB 元器件封装的制作。PCB 元器件封装向导使设计者在输入一系列设置后就可以建立一个元器件封装。接下来将演示如何利用该向导为单片机 AT89C2051 建立 DIP20 的封装。

（1）选择"工具"→"元器件向导"命令,或者直接在 PCB Library 工作面板的"元器件"列表中右击,在弹出的快捷菜单中选择 Footprint Wizard 命令,弹出"封装向导"对话框,单击 Next 按钮,进入向导。

（2）对所用到的选项进行设置。建立 DIP20 封装需要进行如下设置,即在模型样式栏内选择 Dual In-line Package（DIP）选项（封装的模型是双列直插）,在"选择单位"下拉列表中选择 Imperial（mil）选项,如图 5-14 所示,单击 Next 按钮。

（3）进入焊盘大小选择对话框,如图 5-15 所示,对圆形焊盘,选择外径 60mil、内径 30mil（直接输入数值修改尺度大小）。单击 Next 按钮,进入焊盘间距选择对话框,如图 5-16 所示,分别设置水平方向为 300mil、垂直方向为 100mil。单击 Next 按钮,进入

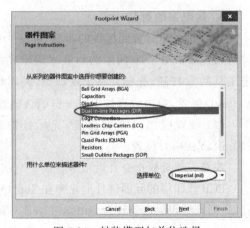

图 5-14　封装模型与单位选择

元器件轮廓线宽的选择对话框,选默认设置(10mil)。单击 Next 按钮,进入焊盘数选择对话框,设置焊盘(引脚)数目为 20。单击 Next 按钮,进入元器件名选择对话框,默认的元器件名为 DIP20,用该默认的名即可。单击 Next 按钮,进入最后一个对话框,单击 Finish 按钮结束向导。

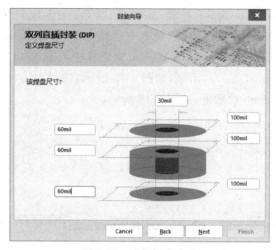

图 5-15　选择焊盘大小

(4) 在 PCB Library 面板的元器件列表中会显示新建的 DIP20 封装名,同时设计窗口会显示新建的封装,如有需要可以对该封装进行修改,如图 5-17 所示。

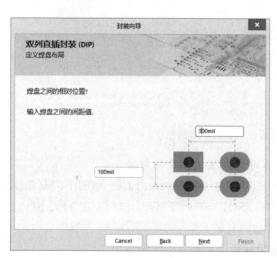

图 5-16　选择焊盘间距

图 5-17　使用"PCB 元器件向导"
建立的 DIP20 封装

(5) 选择"文件"→"保存"命令保存库文件。

请用"PCB 元器件向导"建立 DIP14 的元器件封装,注意两排焊盘之间的距离为 300mil。

5.2.3　使用 IPC Compliant Footprint Wizard 创建封装

IPC Compliant Footprint Wizard 用于创建 IPC 器件封装。IPC Compliant Footprint Wizard 不参考封装尺寸,而是根据 IPC 发布的算法直接使用器件本身的尺寸信息。IPC Compliant Footprint Wizard 使用元器件的真实尺寸作为输入参数,该向导基于 IPC-7351 规则使用标准的 Altium Designer 对象(如焊盘、线路)来生成封装。从 PCB 库编辑器 (PCB Library Editor)菜单栏的"工具"菜单中启动 IPC Compliant Footprint Wizard 向导,在出现的 IPC Compliant Footprint Wizard 对话框中单击 Next 按钮,进入元器件类型选择(Select Component Type)对话框,如图 5-18 所示,选择 BGA,单击 Next 按钮,进入 BGA Package Dimensions 对话框,如图 5-19 所示。

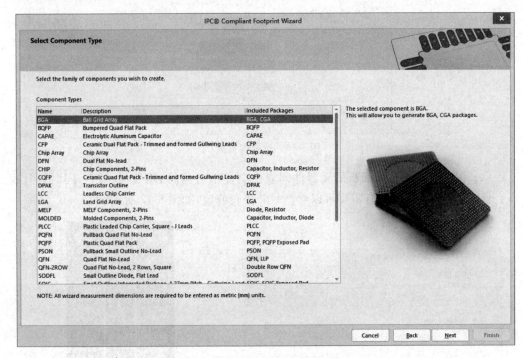

图 5-18　元器件类型选择对话框

根据提示,输入实际元器件的参数,即可建立该元器件的封装。

该向导支持 BGA、BQFP、CFP、CHIP、CQFP、DPAK、LCC、MELF、MOLDED、PLCC、PQFP、QFN、QFN-2ROW、SOIC、SOJ、SOP/TSOP、SOT143/343、SOT223、SOT23、SOT89 和 WIRE WOUND 等类型的封装。

IPC Compliant Footprint Wizard 还包括以下功能。

* 整体封装尺寸、管脚信息、空间、阻焊层和公差,这些信息在输入后都能立即看到。
* 还可输入机械尺寸,如 Courtyard、Assembly 和 Component Body 等信息。
* 可以重新进入向导,以便进行浏览和调整。每个阶段都有封装预览。
* 在任何阶段都可以单击 Finish 按钮,生成当前的封装预览。

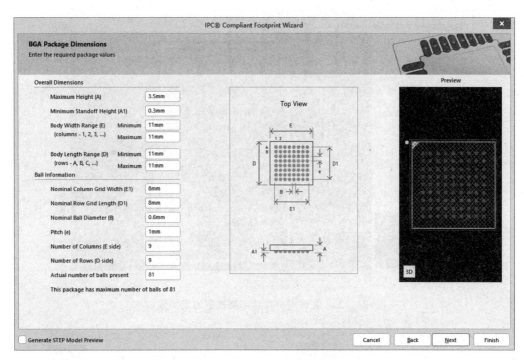

图 5-19　IPC Compliant Footprint Wizard 利用元器件尺寸参数建立封装

5.2.4　从其他库中复制元器件

设计者可从其他已打开的 PCB 库中复制元器件到当前 PCB 库,然后根据需要对元器件封装进行修改。

如在第 4 章第 4.6.2 小节中,设计者在原理图库中复制了数码管器件 Dpy Blue-CA 到新建的库中,并修改为需要的数字钟电路的 4 位数码管(2481BS)器件;现在设计者要在 PCB 库中复制数码管器件 Dpy Blue-CA 的封装到新建的封装库中并修改为数字钟电路用的 4 位数码管(2481BS)封装。

复制已有封装到 PCB 库可以参考前面第 4.6.2 小节中介绍的方法。如果该元器件在集成库中,则需要先打开集成库文件。

(1) 在 Projects 面板中双击打开源库文件 Miscellaneous Devices.PcbLib。

(2) 在 PCB Library 面板中查找 A 封装,找到后,在 Footprints(封装)选项区的 Name (名称)列表中选择想复制的元器件 A,该元器件将显示在设计窗口中,如图 5-20 所示。

(3) 在元器件 A 上右击并从弹出的下拉菜单内选择 Copy 命令,如图 5-21 所示。

(4) 选择目标库的库文档(如 PcbLib1.PcbLib 文档),再单击 PCB Library 面板,在 Footprints(封装)选项区右击,在弹出的下拉菜单(图 5-22)中选择 Paste 1 Components 命令,元器件将被复制到目标库文档中(元器件可从当前库中复制到任一个已打开的库中),如图 5-23 所示。

用刚介绍的方法,复制 Miscellaneous Devices.PcbLib 封装库的 TO-205AF 器件到 PcbLib1.PcbLib 库中。

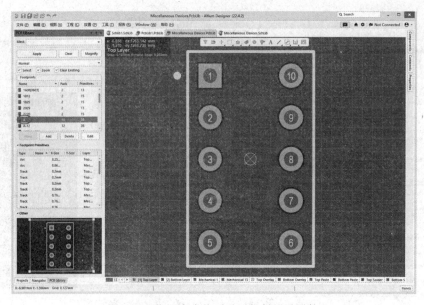

图 5-20　在源库中找到需要复制的元器件

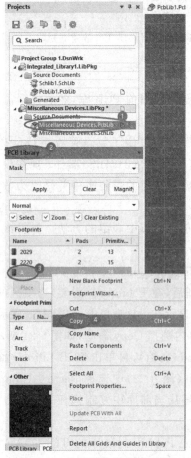

图 5-21　在源库中复制元器件

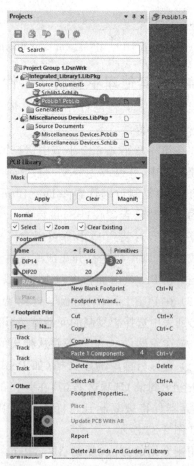

图 5-22　在目标库中粘贴元器件

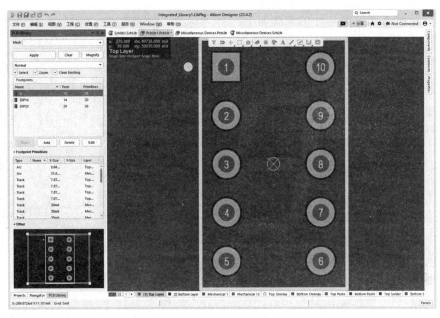

图 5-23　元器件复制到目标库中

关闭 Miscellaneous Devices. LIbPkg 库。

5.2.5　修改封装

一定要根据元器件尺寸修改元器件封装,数字钟电路的数码管采用 2481BS,该器件的资料如图 5-24 所示。

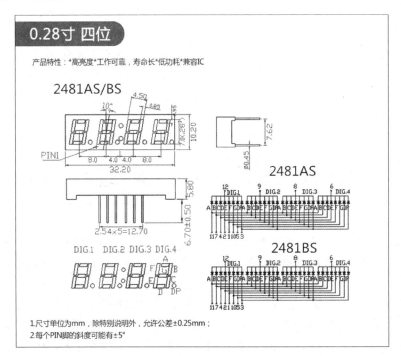

图 5-24　2481BS 的封装尺寸

测量复制 A 封装的尺寸的步骤如下。

(1) 按 G 键,将 GRID 设置为 5mil,选择"视图"→"切换单位"(快捷键 Q)命令,设置单位为公制。

(2) 选择"报告"→"测量距离"命令,分别单击需要测量距离的两点,测量的结果如图 5-25 所示。

通过测量尺寸看出,该封装的尺寸与实际元器件相差太大,修改量太大,设计者需要自己建立封装。

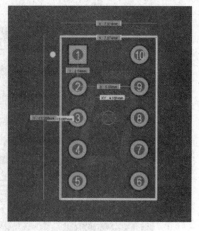

图 5-25　测量距离

5.2.6　手工创建封装

对于形状特殊的元器件,用"PCB 元器件向导"难以完成该元器件的封装建立,这时就要用手工方法创建该元器件的封装。

创建一个元器件封装,需要为该封装添加用于连接元器件引脚的焊盘和定义元器件轮廓的线段和圆弧。设计者可将所设计的对象放置在任何一层,但一般的做法是将元器件外部轮廓放置在 Top Overlay 层(即丝印层),将焊盘放置在 Multilayer 层(对于直插元器件)或顶层信号层(对于贴片元器件)。当设计者放置一个封装时,该封装包含的各对象会被放到其本身所定义的层中。

下面用数码管作为示例,介绍手动创建数码管 2481BS 的封装方法。

(1) 检查当前使用的单位和网格显示是否合适。按 Q 键,设置单位(Units)为 Imperial (英制);按 G 键,设置 Grid(网格)为 50mil。

注意:Q 键是公制与英制相互转换的快捷键;G 键是设置 Grid 的快捷键。计量单位有英制(Imperial)和公制(Metric)两种。1 英寸 = 2.54 厘米,1 英寸 = 1000mil,1 厘米(cm) = 10 毫米(mm)。

(2) 在窗口选择"工具"→"新的空元器件"命令,建立一个默认名为 PCBCOMPONENT_1 的新的空白元器件,如图 5-10 所示。在 PCB Library 面板双击该空的封装名(PCBCOMPONENT_1),弹出"PCB 库封装"对话框,在对话框中的名称文本框中,输入新名称 2481BS 为该元器件重新命名。

推荐在工作区(0,0)参考点位置(有原点定义)附近创建封装,在设计的任何阶段,使用快捷键 J、R 即可使光标回到原点位置。

提示:参考点就是放置元器件时"拿起"元器件的那个点。一般将参考点设置在第一个焊盘中心点或元器件的几何中心。设计者可在编辑器窗口选择"编辑"→"设置参考"命令随时设置元器件的参考点。

按 Ctrl+G 组合键可以在工作时改变捕获网格大小,设置网路的显示类型(点 dots 或线 lines),如图 5-26 所示;按 L 键在"视图配置"(View Configurations)对话框中设置网格是否可见。

(3) 为新封装添加焊盘。放置焊盘是在创建元器件封装时最重要的一步,焊盘放置是否正确,关系到元器件是否能够被正确焊接到 PCB 板上,因此焊盘位置需要严格对应于元器件引脚的位置。在本例中,对于 2481BS 数码管管脚之间的距离是 100mil,两排管脚之间的距离是 300mil。放置焊盘的步骤如下。

图 5-26　设置网格

① 选择"放置"→"焊盘"命令或单击工具栏 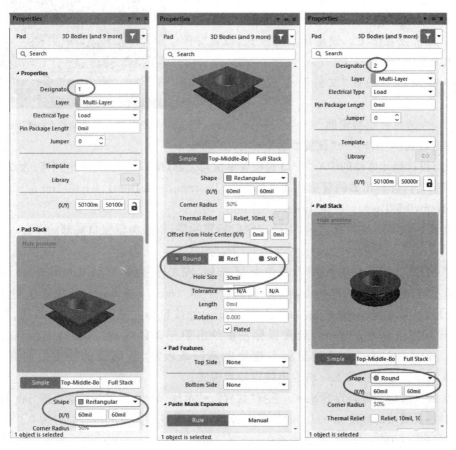 按钮,光标处将出现焊盘,放置焊盘之前按 Tab 键,弹出 Pad(焊盘)属性对话框,如图 5-27 所示。

图 5-27　Pad 属性对话框

② 在如图 5-27 所示的对话框中编辑焊盘各项属性。在属性(Properties)选项区内,在标识(Designator)文本框中输入焊盘的序号 1,在层(Layer)下拉列表中选择 Multi-Layer(多层);在焊盘(Pad Stack)选项区内,设置外形(Shape)为 Rectangular(方形),设置 X 为 60mil,设置 Y 为 60mil;在焊盘孔的选项区内,设置通孔的形状为圆形(Round),通孔尺寸(Hole Size)为 30mil;其他项选择默认值。返回库编辑器界面,便建立了第一个方形焊盘。

③ 利用状态栏显示坐标,将第一个焊盘拖到(X:0,Y:0)位置,单击或者按 Enter 键确认放置。

④ 放置完第一个焊盘后,光标处自动出现第二个焊盘,按 Tab 键,弹出 Pad(焊盘)属性对话框,将焊盘外形(Shape)改为 Round(圆形),其他参数设置与上一步的值相同,将第二个焊盘放到(X:100,Y:0)位置。

注意:焊盘标识会自动增加。

⑤ 在(X:200,Y:0)处放置第三个焊盘(该焊盘参数设置与上一步的值相同)。X 方向间隔为 100mil,Y 方向不变,依次放好第 4~第 6 个焊盘。

⑥ 在(X:500,Y:300)处放置第 7 个焊盘(Y 的距离由实际数码管的尺寸而定)。X 方向每次减少 100mil,Y 方向不变,依次放好第 8~第 12 个焊盘。

⑦ 右击或者按 Esc 键退出放置模式,放置好的焊盘如图 5-28 所示。

⑧ 在窗口中选择"文件"→"保存"命令保存封装。

(4)为新封装绘制轮廓。

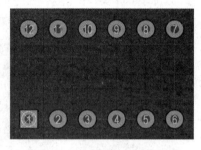

图 5-28　放置好焊盘的数码管

在窗口选择"编辑"→"设置参考"→"中心"命令,把参考点设计到元器件的中心,按 Q 键设置单位为公制,按 G 键设置 Grid(网格)为 0.1mm。根据封装尺寸,计算出数码管边框的坐标为(−16.1mm,−5.1mm)、(+16.1mm,−5.1mm)(+16.1mm,+5.1mm)、(−16.1mm,+5.1mm)。

① 在绘制元器件轮廓之前,先确定它们所属的层,单击编辑窗口底部的 Top Overlay 标签。

② 选择"放置"→"线条"命令或单击 ╱ 按钮,将光标移到(−16.1mm,−5.1mm)处按鼠标左键,绘出线段的起始点,移动光标到(+16.1mm,−5.1mm)处按鼠标左键绘出第一条段线,移动光标到(+16.1mm,+5.1mm)处按鼠标左键绘出第二条段线,移动光标到(−16.1mm,+5.1mm)处按鼠标左键绘出第三条段线,然后移动光标到起始点(−16.1mm,−5.1mm)处按鼠标左键绘出第四条段线,数码管的外框绘制完成,如图 5-29 所示。右击或按 Esc 键退出线段放置模式。

③ 接下来绘制数码管的 8 字。选择"放置"→"走线"命令,放置线段前可按 Tab 键编辑线段属性,设置线的宽度 0.508mm,如图 5-30 所示。按 G 键设置 Grid(网格)为 0.025mm。

先绘制 8 字的底横线,单击坐标(−13.815mm,−2.54mm)、(−11.275,−2.54mm)处,绘制第一条横线。选中画好的第一条横线,按 Ctrl+C 组合键复制第一条横线到剪贴

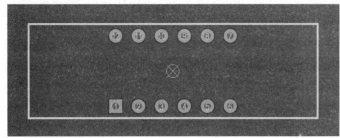

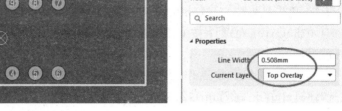

图 5-29　绘制封装轮廓　　　　　　　　　　图 5-30　设置线宽

板,光标选中横线的中心,确定粘贴的参考点,然后按 Ctrl＋V 组合键粘贴第 2 条横线,单击坐标(−12.037mm,0mm)处按 Ctrl＋V 组合键粘贴第 3 条横线,单击坐标(−11.529mm,2.54mm)处。8 字的 3 条横线画好。

绘制 8 字的竖斜线,由于竖斜线沿 Y 轴倾斜 10°,放置线的时候,按 Shift＋Space 组合键可以循环切换导线放置模式。

注意:

a. 在画线时,按 Shift＋Space 组合键可以循环切换导线放置模式,一定要在输入法为"英语"时才有效。

b. 在画线时如果出错,可以按 Backspace 键删除最后一次所画线段。

c. 按 Q 键可以将坐标显示单位从 mil 改为 mm。

d. 在手工创建元器件封装时,一定要与元器件实物相吻合;否则,当 PCB 板做好后,元器件安装不上。

现在开始绘制 8 字的左下角的竖斜线,选择"放置"→"走线"命令,线的宽度选默认值 0.508mm,分别单击坐标(−14.196mm,−2.032mm)、(−13.815mm,0.254mm)处,绘制第一条竖斜线;按 Ctrl＋C 组合键复制第一条竖斜线到剪贴板,光标选中竖斜线的中心,确定粘贴的参考点;然后按 Ctrl＋V 组合键粘贴第 2 条竖斜线,单击坐标(−10.703mm,−1.270mm);按 Ctrl＋V 组合键粘贴第 3 条竖斜线,单击坐标(−13.37mm,1.333mm)处;按 Ctrl＋V 组合键粘贴第 4 条竖斜线,单击坐标(−10.068mm,1.27mm)处。8 字绘制完,如图 5-31 所示。右击或按 Esc 键退出线段放置模式。

④ 画小数点。在窗口选择"放置"→"圆"命令,放置小数点前可按 Tab 键编辑线段属性,设置线的宽度 0.254mm,单击圆心坐标(−10.125mm,−2.54mm)处,单击半径坐标(−10mm,−2.54mm)处。即完成小数点的绘制,如图 5-31 所示。

图 5-31　建好的数码管封装

⑤ 绘制另外三个 8 字。选中第一个绘制好的 8 字及小数点,按 Ctrl+C 组合键,选中 8 字的中心(-12.037mm,0mm)处,确定粘贴的参考点;然后按 Ctrl+V 组合键粘贴第 2 个 8 字,单击坐标(-4.075mm,0mm)处;按 Ctrl+V 组合键粘贴第 3 个 8 字,单击坐标 (+4.075mm,0mm)处;按 Ctrl+V 组合键粘贴第 4 个 8 字,单击坐标(+12.075mm, 0mm)处。

⑥ 复制 2 个小数点作为时钟的秒点,坐标分别为(-0.381mm,-1.27mm)、 (+0.381mm,+1.27mm),2481BS 的封装绘制完成,如图 5-31 所示。

5.3　添加元器件的三维模型信息

鉴于现在所使用的元器件的密度和复杂度越来越高,PCB 设计人员必须考虑元器件 水平间隙之外的其他设计需求,必须考虑元器件高度的限制、多个元器件空间叠放情况。 此外,要将最终的 PCB 转换为一种机械 CAD 工具,以便用虚拟的产品装配技术全面验证 元器件封装是否合格,这已逐渐成为一种趋势。Altium Designer 拥有许多功能,其中的 三维模型可视化功能就是为这些不同的需求而研发的。

5.3.1　为 PCB 封装添加高度属性

设计者可以用一种最简单的方式为封装添加高度属性,双击 PCB Library 面板的元 器件(Component)列表中的封装(图 5-32),例如双击 DIP20,打开“PCB 库封装”对话框, 如图 5-33 所示,在“高度”文本框中输入适当的高度数值。

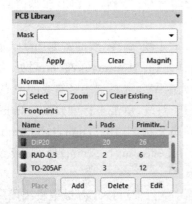

图 5-32　双击 PCB Library 面板的 DIP20　　　　　图 5-33　为 DIP20 封装输入高度值

可在电路板设计时定义设计规则。在 PCB 板编辑器中选择“设计”→“规则”命令,弹 出“PCB 规则及约束编辑器”(PCB Rules and Constraints Editor)对话框,在 Placement 选项卡的 Component Clearance 处对某一类元器件的高度或空间参数进行设置。

5.3.2　为 PCB 封装添加三维模型

为封装添加三维模型对象可使元器件在 PCB 库编辑器(PCB Library Editor)的三维 视图模式下显得更为真实(PCB 库编辑器中的快捷键:2—二维;3—三维),设计者只能 在有效的机械层中为封装添加三维模型。在 3D 应用中,一个简单条形三维模型是由一个包含表面颜色和高度属性的 2D 多边形对象扩展而来的。三维模型可以是正方体、长方体、球体或圆柱体。

多个三维模型组合起来可以定义元器件任意方向的物理尺寸和形状,这些尺寸和形状应用于限定 Component Clearance 设计规则。使用高精度的三维模型可以提高元器件间隙检查的精度,有助于提升最终 PCB 产品的视觉效果,有利于产品装配。

Altium Designer 还支持直接导入 3D STEP 模型(* . step 或 * . stp 文件)到 PCB 封装中生成 3D 模型。STEP 是一个流行的数据交换格式,支持所有主流的 MCAD 软件。Altium Designer 对于 STEP 格式的 3D 模型的支持及导入导出,极大地方便了 ECAD-MCAD 之间的无缝协作。

5.3.3 手工放置三维模型

手动创建 3D 元器件体的方式一般用于比较简单易画的元器件,并且没有现成 STEP 模型可用,又不需要为元器件提供特别精确的形状时,就可以采用这种方式达到设计者想要的结果。

在 PCB 库编辑器中选择"放置"→"3D 元器件体"命令可以手工放置三维模型,也可以在 3D Body Manager 对话框(选择"工具"→Manage 3D Bodies for Library/Current Component 命令,弹出该对话框)中自动为封装添加三维模型。

注意:既可以用 2D 模型方式放置三维模型,也可以用 3D 模型方式放置三维模型。以下例子采用 2D 模型方式。

(1) 下面将演示如何为前面所创建的 DIP20 封装添加三维模型。以下为在 PCB 库编辑器中手工添加三维模型的步骤。

① 在 PCB Library 面板中双击 DIP20 打开"PCB 库封装"对话框(图 5-33),该对话框中详细列出了元器件名称、高度等信息。这里元器件的高度设置最重要,因为需要三维模型能够体现元器件的真实高度。

注意:如果器件制造商能够提供元器件尺寸信息,则尽量使用元器件制造商提供的信息。

② 选择"放置"→"3D 元器件体"命令,按 Tab 键显示 3D Body 对话框,如图 5-34 所示,在 3D Model Type(3D 模型类型)选项区中选中 Extruded 选项卡。

③ 设置 Properties(属性)选项区各选项,为三维模型对象定义一个名称(Identifier)以标识该三维模型;在 Board 侧面(Board Side)下拉列表中选择 Top,该选项决定三维模型垂直投影到电路板的哪一面。

注意:设计者可以为那些穿透电路板的部分,如引脚,设置负的支架高度值,设计规则检查(Design Rules Checker)不会检查支架高度。

④ 设置 Overall Height(全部高度)为 180mil,Standoff Height(支架高度)为 0,在 Display 选项区中选择 3D 的颜色,选择适当(自己喜欢)的颜色即可。

⑤ 返回库编辑器操作界面,进入放置模式。在 2D 模式下,光标变为十字准线,在 3D 模式下,光标为蓝色锥形。

⑥ 移动光标到适当位置,单击选定三维模型的起始点,接下来连续单击选定若干个顶点,组成一个代表三维模型形状的多边形。

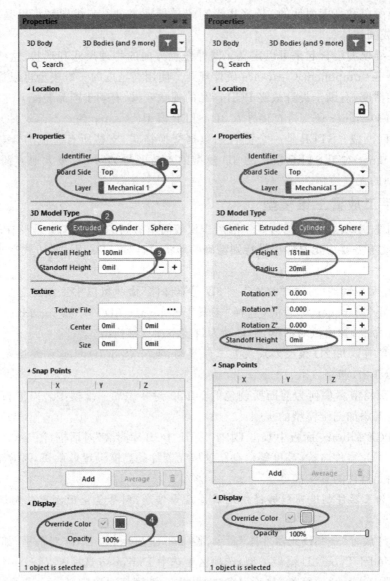

图 5-34　在 3D Body 对话框中定义三维模型参数

⑦ 选定好最后一个点,右击或按 Esc 键退出放置模式,系统会自动连接起始点和最后一个点,形成闭环多边形,如图 5-35 所示。

定义形状时,按 Shift＋Space 组合键可以轮流切换线路转角模式,可用的模式有任意角度、45°、45°圆弧、90°和 90°圆弧;按 Shift＋句号组合键或 Shift＋逗号组合键可以增大或减少圆弧半径,按 Space 键可以选定转角方向。

当设计者选定一个扩展三维模型时,该三维模型的每一个顶点会显示成可编辑点,当光标变为 ✐ 时,可单击并拖动光标到顶点位置。当光标在某个边沿的中点位置时,可通过按左键并拖动鼠标的方式为该边沿添加一个顶点,并按需要进行位置调整。

将光标移动到目标边沿,光标变为 ✛ 时,可以按下左键移动鼠标拖动该边沿。

将光标移动到目标三维模型,光标变为 ✛ 时,可以单击拖动该三维模型;拖动三维模型时,可以旋转或翻动三维模型,编辑三维模型形状。

（2）下面为 DIP20 的管脚创建三维模型。

步骤①、②参照上面的步骤②、③。

③ 设置 Overall Height（全部高度）为 100mil,Standoff Height（支架高度）为 −40mil,在 Display 选项区选择 3D 的颜色为淡黄色。

④ 返回库编辑器操作界面,进入放置模式。在 2D 模式下,光标变为十字准线。按 PgUp 键,将第一个引脚放大到足够大,在第一个引脚的孔内放一个小的封闭的正方形。

⑤ 选中小的正方形,按 Ctrl＋C 组合键将它复制到粘贴板,单击小正方形的中心,确定粘贴的参考点,然后按 Ctrl＋V 组合键,将它粘贴到其他引脚的孔内。

（3）用上面的方法为 DIP20 封装创建引脚标识 1 的小圆点。

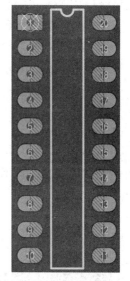

图 5-35　带三维模型的
DIP20 封装

① 选择"放置"→"3D 元件体"命令,按 Tab 键显示 3D Body 对话框,如图 5-34 所示,在 3D Model Type（3D 模型类型）选项区选中 Cylinder（圆柱体）。

② 选择圆参数 Radius（半径）为 20mil,Height（高度）为 181mil,Standoff Height（支架高度）为 0mil,3D 颜色为淡黄色,设置好后返回库编辑器操作界面,光标处出现一个小方框,把它放在焊盘 1 的附近,然后按鼠标左键即可,单击"取消"按钮或按 Esc 键退出放置状态。

增加了三维模型的 DIP20 封装如图 5-36 所示。

图 5-36　DIP20 三维模型实例

注意:放置模型时,可按 Backspace 键删除最后放置的一个顶点,重复使用该键可以"还原"轮廓所对应的多边形,回到起点。

设计者可以随时按 3 键进入 3D 显示模式,最后要记得保存 PCB 库。

DIP20 的三维模型如图 5-36 所示,它包括 22 个三维模型对象,包括轮廓主体、20 个引脚和一个引脚标识 1 的圆点。

5.3.4　交互式创建三维模型

使用交互式方式创建元器件封装三维模型对象的方法与手动方式类似,最大的区别是在该方法中,Altium Designer 会检测那些闭环形状,这些闭环形状包含了封装细节信息,可被扩展成三维模型。该方法通过设置 3D Body Manager 对话框内的参数实现。

注意:交互式方式创建三维模型,只有闭环多边形才能够创建三维模型对象。

在 5.2.4 小节中,设计者从 Miscellaneous Devices.PcbLib 库中复制了一个三极管 TO-205AF 的封装到自己的库内。接下来将介绍如何使用 3D Body Manager 对话框为三极管封装 TO-205AF 创建三维模型,该方法比手工定义形状更简单。

(1)在封装库中激活 TO-205AF 封装。

(2)选择"工具"→Manage 3D Bodies for Current Component 命令,将弹出"元器件体管理器 for component:TO-205AF[mil]"对话框,如图 5-37 所示。

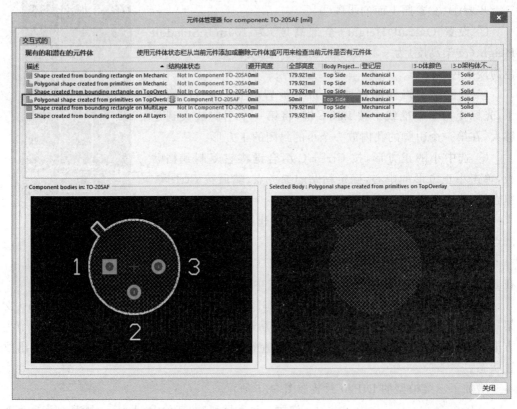

图 5-37　通过元器件体管理器对话框在现有基元的基础上快速建立三维模型

(3)依据器件外形在三维模型中定义对应的形状,在"描述"栏依次选择查看形状,选择列表中的第四个选项 Polygonal shape created from primitives on Top Overlay;在该选项所在行位置单击"结构体状态"列的 Not In Component TO-205AF 位置,图像显示区域右侧的图像添加到左侧;再单击"结构体状态"列的 In Component TO-205AF 位置,添加到左侧的图形被删除;"避开高度"保持默认值 0;设置"全部高度"为合适的值,如50mil;Body Projection(3D 实体所在的层面),选默认值 Top Side(顶层);将"登记层"设置为三维模型对象所在的机械层(本例中为 Mechanical1);设置"3-D 体颜色"为合适的颜色(灰色);"3-D 架构体"选择默认值 Solid(实体),如图 5-37 所示,添加了三维模型后的 TO-205AF 2D 封装如图 5-38 所示。

(4)单击"关闭"按钮,会在元器件上面显示三维模型形状,如图 5-39 所示,保存库文件。

如图 5-39 所示给出了 TO-205AF 封装的一个完整的三维模型图,该模型包含以下 5个三维模型对象。

图 5-38　添加了三维模型后的 TO-205AF 2D 封装

图 5-39　TO-205AF 3D 模型

① 一个基础性的三维模型对象。该对象是用交互式方式,根据封装轮廓建立的。"避开高度"保持默认值 0;"全部高度"为 50mil;"3D 体颜色"为合适的颜色(灰色)。

② 一个代表三维模型的外围。该对象通过放置圆柱体实现,选择"放置"→"3D 元器件体"命令,按 Tab 键,弹出 3D Body 对话框,如图 5-40 所示,在 3D Model Type 选项区选择 Cylinder(圆柱体)选项卡,选择圆参数 Radius(半径)为 150mil,Height(高度)为 180mil,Standoff Height(支架高度)为 50mil,3D 颜色为合适的颜色(灰色),设置好后,返回库编辑器界面,光标处出现一个方框,把它放在圆心处,单击即可,单击"取消"按钮或按 Esc 键退出放置状态。

③ 其他 3 个对象对应于 3 个引脚。该对象也是通过放置圆柱体的方法实现。在 3D Model Type 选项区选中 Cylinder(圆柱体)选项卡,选择圆参数 Radius(半径)为 15mil,Height(高度)为 450mil,Standoff Height(支架高度)为 −450mil,3D 颜色为金黄色,设置好后,返回库编辑器界面,光标处出现一个方框,把它放在焊盘 1 处,按鼠标左键即可;光标处出现一个小方框,把它放在焊盘 2 处,按鼠标左键即可;按同样方法放置焊盘 3 的引脚。设计者也可以先只为其中一个引脚创建三维模型对象,再复制、粘贴两次分别建立剩余两个引脚的三维模型对象。

5.3.5　创建数码管的三维模型

设计者在掌握了以上三维模型的创建方法后,就可以建立数码管 2481BS 的三维模型了,建好的三维模型如图 5-44 所示。

以下为建数码管 2481BS 的三维模型的步骤及数据(详细叙述参见上述 TO-205AF 三维模型的创建)。

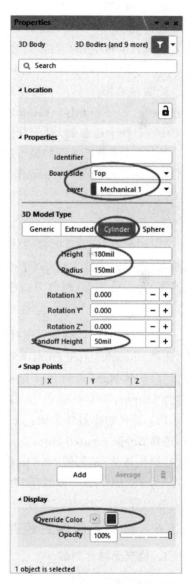

图 5-40　在 3D Body 对话框中定义三维模型参数

1. 管脚

在窗口选择"放置"→"3D 元器件体"命令,在 3D Model Type 选项区选中 Cylinder(圆柱体)选项卡,选择圆参数 Radius(半径)为 15mil,Height(高度)为 264mil,Standoff Height(支架高度)为−264mil,3D 颜色为白色,如图 5-41 所示。

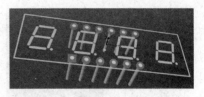

图 5-41　三维模型管脚放置好的数码管

2. 绘制 8 字

选择"放置"→"3D 元器件体"命令,在 3D Model Type 选项区选中 Extruded 选项卡,设置 Overall Height(全部高度)为 184mil,Standoff Height(支架高度)为 10mil,在 Display 栏选择 3D 的颜色,选择白色。

绘制左边第 1 个 8 字的左边"竖"条,分别单击坐标(−550mil,−110mil)、(−535mil,−110mil)、(−535mil,+110mil)、(−550mil,+110mil)处。第 1 个竖条绘制好后选中,按 Ctrl+C 组合键复制,对于其他的 8 字的"竖"条执行粘贴操作即可。

绘制左边第 1 个 8 字的最下边的"横"条,分别单击坐标(−530mil,−110mil)、(−415mil,−110mil)、(−415mil,−90mil)、(−535mil,−90mil)处。第 1 个"横"条绘制好后选中,按 Ctrl+C 组合键复制,对于其他 8 字的"横"条执行粘贴操作即可,如图 5-44 所示。

3. 画小数点

选择"放置"→"3D 元器件体"命令,在 3D Model Type 选项区选中 Cylinder(圆柱体)选项卡,选择圆参数 Radius(半径)为 15mil,Height(高度)为 184mil,Standoff Height(支架高度)为 10mil,3D 颜色为白色,如图 5-44 所示。

4. 主体

(1) 白色的元器件体:选择"工具"→Manage 3D Bodies for Current Component 命令,选择 Shape created from bounding rectangle on All Layers 行,在该选项所在行位置单击"结构体状态"列的 Not In Component 2481BS 位置,设置"避开高度"为 0,"全部高度"为 180mil,"3-D 体颜色"为白色。如图 5-42 所示,设置好后单击"关闭"按钮即可。

(2) 黑色的元器件表面:选择"工具"→Manage 3D Bodies for Current Component 命令,选择 Shape created from bounding rectangle on All Layers 行,在该选项所在行位置单击"结构体状态"列的 Not In Component 2481BS 位置,设置"避开高度"为 180,"全部高度"为 182mil,"3-D 体颜色"为黑色。如图 5-43 所示,设置好后单击"关闭"按钮即可。

数码管 2481BS 的三维模型绘制完成,如图 5-44 所示。

5.3.6　检查元器件封装并生成报表

1. 检查元器件封装

PCB 库编辑器提供了一系列输出报表供设计者检查所创建的元器件封装是否正确以及当前 PCB 库中有哪些可用的封装。设计者可以通过元器件规则检查(Component Rule Check)输出报表检查当前 PCB 库中所有元器件的封装,Component Rule Checker 工具可以检验是否存在重叠部分、焊盘标识符是否丢失、是否存在浮铜、元器件参数是否恰当等。

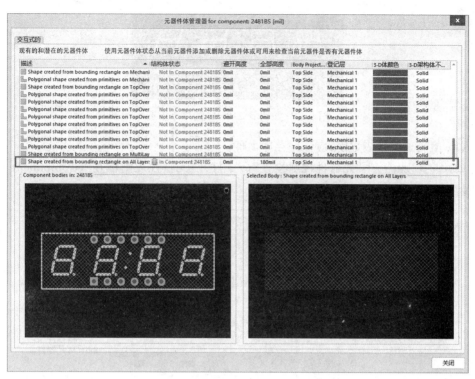

图 5-42　绘制白色的元器件体

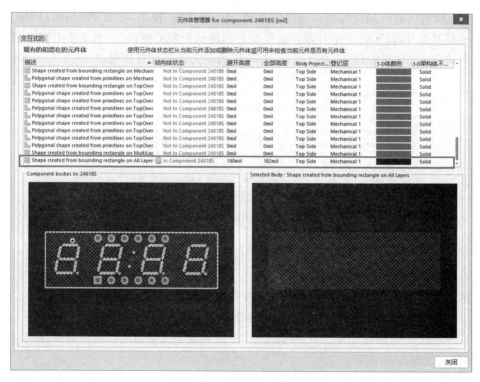

图 5-43　黑色的元器件表面

图 5-44　数码管 2481BS 的三维模型

(1) 使用这些报表之前,应先保存库文件。

(2) 选择"报告"→"元器件规则检查"命令打开"元器件规则检查"(Component Rule Check)对话框,如图 5-45 所示。

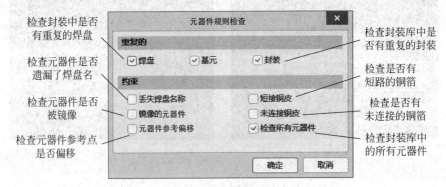

图 5-45　在封装应用于设计之前对封装进行查错

(3) 检查所有项是否可用。选择默认值,单击"确定"按钮,生成 PcbLib1. ERR 文件并自动将其在 Text Editor 中打开。系统会自动标识出所有错误项,如果没有提示信息表明没有错误,如图 5-46 所示,由此看出,封装库内的元器件没有错误。

图 5-46　错误检查报告

(4) 关闭报表文件,返回 PCB 库编辑器。

2. 元器件报表

生成包含当前元器件可用信息的元器件报表的步骤如下。

(1) 在窗口选择"报告"→"元器件"命令。

(2) 系统显示 PcbLib1. CMP 报表文件,里面包含了选中封装元器件的焊盘、线段、文字等信息,如图 5-47 所示。

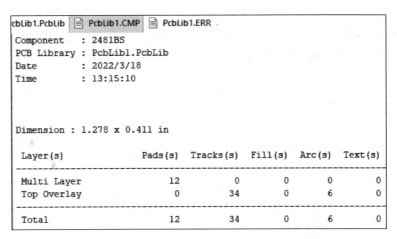

图 5-47　生成的元器件报表文件

3. 库清单

为库里面所有元器件生成清单的步骤如下。

（1）在编辑器窗口选择"报告"→"库列表"命令。

（2）系统显示 PcbLib1.REP 清单文件，里面包含了库内所有元器件封装的名字，如图 5-48 所示。

4. 库报表

为库里面所有元器件生成 Word 格式的报表文件的步骤如下。

（1）选择"报告"→"库报告"命令。

（2）系统弹出"库报告设置"（Library Report Settings）对话框，如图 5-49 所示，选择产生输出文件的路径，其他选择默认值，单击"确定"按钮，生成 PcbLib1.doc 文件并自动打开，里面包含了库内所有封装元器件的信息，如图 5-50 所示。

图 5-48　生成的元器件库清单文件

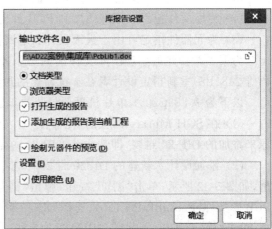

图 5-49　"库报告设置"对话框

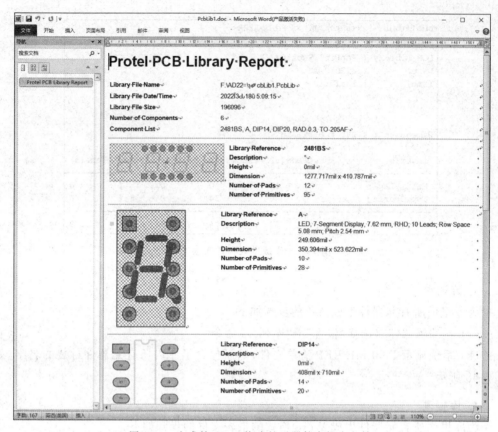

图 5-50　生成的 Word 格式的元器件库报告文件

5.4　创建集成库

(1) 建立集成库文件包——集成库的原始工程文件。

(2) 为库文件包添加原理图库和 PCB 封装库。

(3) 为元器件指定可用于板级设计和电路仿真的多种模型(本书只介绍封装模型)。

为第 4 章新建的原理图库文件内的三个器件(单片机 AT89C2051、与门 74LS08、数码管 2481BS)重新指定设计者在本章新建的封装库 PcbLib1.PcbLib 内的封装。

以下为 AT89C2051 单片机更新封装的步骤如下。

(1) 在 SCH Library 面板的"元器件"列表中选择 AT89C2051 器件,在"模型"栏删除原来添加的 DIP-20 封装,即选中该 DIP-20,单击"删除"按钮即可,如图 5-51 所示。

(2) 添加设计者新建的 DIP20 封装,单击 Add Footprint 按钮,弹出"PCB 模型"对话框,如图 5-52 所示,单击"浏览"按钮,弹出"浏览库"对话框,如图 5-53 所示,查找新建的 PCB 库文件(PcbLib1.PcbLib),选择 DIP20 封装,单击"确定"按钮,返回"PCB 模型"对话框,单击"确定"按钮,新封装 DIP20 添加完毕,如图 5-54 所示。

用同样的方法为与门 74LS08 添加新建的封装 DIP14,为数码管添加新建的封装 2481BS。

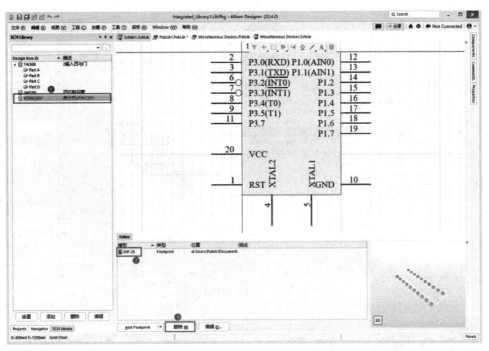

图 5-51　Component Properties 对话框

PCB模型

封装模型

名称　　　Model Name　　　浏览 (B)...　管脚映射 (P)...

描述　　　Footprint not found.

PCB 元件库

● 任意

○ 库名字　　[　　　　　　　　　　　]

○ 库路径　　[　　　　　　　　　　　]　选择 (O)...

　Use footprint from component library *

选择的封装

Found in:

　　　　　　　　　　　确定　　取消

图 5-52　"PCB 模型"对话框

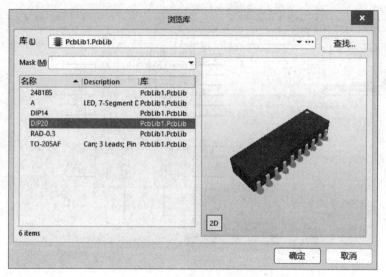

图 5-53 "浏览库"对话框

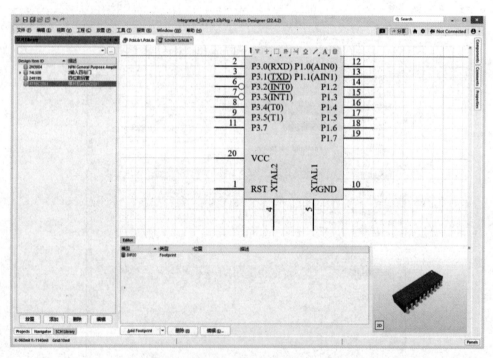

图 5-54 添加的封装

（3）在原理图库（Schlib1. SchLib）内复制 Miscellaneous Device. Schlib 库内的 2N3904 器件,把原来器件添加的所有模型文件删除,并为其添加 TO-205AF 的封装。

（4）检查库文件包 Integrated_Library1. LibPkg 是否包含原理图库文件 Schlib1. SchLib 和 PCB 图库文件 Pcblib1. PcbLib,如图 5-55 所示。

（5）在本章的最后,将编译整个库文件包以建立一个集成库。该集成库是一个包含

了第 4 章建立的原理图库(Schlib1.SchLib)及本章建立的 PCB 封装库(Pcblib1.PcbLib)
的文件。即便设计者可能不需要使用集成库而是使用源库文件和各类模型文件,也有必
要了解如何去编译集成库文件,这一步工作将对元器件和与元器件有关的各类模型进行
全面的检查。以下为编译库文件包的步骤。

　　① 在原理图库编辑界面,选择"工程"→Compile Integrated Library Integrated_
Library1.LibPkg 命令,等一会儿,便将库文件包中的源库文件和模型文件编译成一个集
成库文件,可以在"库"面板找到刚产生的集成库文件,如图 5-56 所示。如果没有错误,集
成库生成成功。如果有错误,系统将在 Messages 面板显示编译过程中的所有错误信息
(单击 Panels 按钮,在弹出的菜单中选择 Messages 命令),在 Messages 面板双击错误信
息可以查看更详细的描述。直接跳转到对应的元器件,设计者可在修正错误后进行重新
编译,直到没有错误为止。

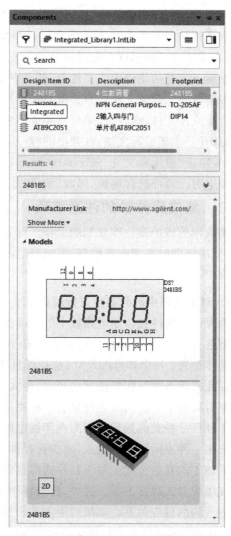

图 5-55　库文件包包含的文件　　　　　　　图 5-56　"库"面板显示产生的集成库文件

② 系统会生成名为 Integrated_Library1.IntLib 的集成库文件,并将其保存于当前文件夹下的 Project Outputs for Integrated_Library1 子文件夹下,同时新生成的集成库会自动添加到当前安装库列表中,以供使用。

现在设计者已经学会了建立电路原理图库文件、PCB 库文件和集成库文件。

5.5　集成库的维护

用户自己建立集成库后,可以给设计工作带来极大的方便。但是,随着新元器件的不断出现和设计工作范围的不断扩大,用户的元器件库也需要不断地进行更新和维护以满足设计的需要。

5.5.1　将集成零件库文件拆包

系统通过编译打包处理,将所有的关于某个特定元器件的所有信息封装在一起,存储在一个文件扩展名为 IntLib 的独立文件中构成集成元器件库。对于该种类型的元器件库,用户无法直接对库中内容进行编辑修改。对于用户自己建立的集成库文件,如果在创建时保留了完整的集成库库文件包,就可以通过再次打开库文件包的方式,对库中的内容进行编辑修改。修改完成后只要重新编译库文件包,就可以重新生成集成库文件。若用户只有集成库文件,这时,如果要对集成库中的内容进行修改,则需要先将集成库文件拆包,即打开一个集成库文件,在弹出的"解压源文件或安装"(Extract Sources or Install)对话框中,单击"解压源文件"(Extract Sources)按钮,从集成库中提取库的源文件,在库的源文件中对元器件进行编辑、修改、编译,才能最终生成新的集成库文件。

5.5.2　集成库维护的注意事项

集成库的维护是一项长期的工作。随着用户开始使用 Altium Designer 进行自己的设计,就应该随时注意收集整理,形成自己的集成元器件库。在建立并维护自己的集成库的过程中,用户应注意以下问题。

1. 对集成库中的元器件进行验证

为保证元器件在印制电路板上的正确安装,用户应随时对集成零件库中的元器件封装模型进行验证。验证时,应注意以下几个方面的问题:元器件的外形尺寸;元器件焊盘的具体位置;每个焊盘的尺寸,包括焊盘的内径与外径。

穿孔式焊盘尤其需要注意内径,内径太大有可能导致焊接问题,内径太小则可能导致元器件引脚根本无法插入进行安装。在决定具体选用焊盘的内径尺寸时,还应考虑尽量减少孔径尺寸种类的数量。因为在印制电路板的加工制作时,对于每一种尺寸的钻孔,都需要选用一种不同尺寸的钻头,减少孔径种类,也就减少了更换钻头的次数,相应地也就减少了加工的复杂程度。对于贴片式焊盘则应注意为元器件的焊接留有足够的余量,以免造成虚焊盘或焊接不牢。另外,还应仔细检查封装模型中焊盘的序号与原理图元器件符号中管脚的对应关系。如果对应关系出现问题,无论是在对原理图进行编译检查时,还是在对印制电路板文件进行设计规则检查时,都难以发现此类错误,只能是在对制作成型后的硬件进行调试时才有可能发现,这时想要修改错误,通常只能重新另做板,会带来浪费。

2. 不要轻易对系统安装的元器件库进行改动

Altium Designer 系统在安装时,会将自身提供的一系列集成库安装到系统的 Library 文件夹下。对于这个文件夹中的库文件,建议用户轻易不要对其进行改动,以免破坏系统的完整性。另外,为方便用户的使用,Altium Designer 的开发商会不定时地对系统发布服务更新包。当这些更新包被安装到系统中时,有可能会用新的库文件将系统中原有的库文件覆盖。如果用户修改了原有的库文件,则系统更新时会将用户的修改结果覆盖;而如果系统更新时不覆盖用户修改结果,则无法反映系统对库其他部分的更新。因此,正确的做法是将需要改动的部分复制到用户自己的集成库中,再进行修改,以后使用时从用户自己的集成库中调用相应内容。

熟悉并掌握 Altium Designer 的集成库,不仅可以大量减少设计时的重复操作,而且会减少出错的概率。对一个专业电子设计人员而言,对系统提供的集成库进行有效的维护和管理,以及具有一套属于自己的经过验证的集成库,将会极大地提高设计效率。

本 章 小 结

本章主要介绍了 PCB 库编辑界面、标准 PCB 封装、异形 PCB 封装与 3D 封装的创建方法,集成库的创建与维护。希望设计者熟练掌握原理图库、PCB 库、集成库的创建方法,随着电子产品的增加,集成库内的元器件也相应增加,这样可方便设计并提高设计效率。

习 题 5

(1) 简述进入 PCB 库编辑器的步骤。

(2) 简述创建集成库的步骤。

(3) 在第 4 章习题第 8 题的基础上,在集成库文件包 Integ_Lib. LibPkg 下,新建一个 PCB 图库文件,将其命名为 MyFootPrints. PcbLib。

(4) 在 MyFootPrints. PcbLib 库文件内,使用 PCB Component Wizard 向导创建一个双列直插元器件封装 DIP14(两排焊盘间距 300mil),并为该元器件建立 3D 模型。

(5) 在 MyFootPrints. PcbLib 库文件内,用手工方法为单片机 AT89C51 创建一个 DIP40 的封装(两排焊盘间距为 600mil),并为该元器件建立 3D 模型。

(6) 在第 4 章习题第 9 题的基础上,为 2N3904 器件建立封装及 3D 模型。

(7) 为第 4 章建立的原理图库和本章建立的封装库建立集成库,并指出集成库存放的位置。

第6章

原理图绘制的环境参数及设置方法

任务描述

原理图绘制
的环境参数
及设置方法

在掌握了前几章的内容后,要绘制一个简单的原理图、设计印制电路板应该没有问题,但为了设计复杂的电路图,提高用户的工作效率,把该软件的功能充分发掘出来,还需要进行后续章节的学习。本章主要介绍原理图编辑环境下的相关参数设置,主要包含以下内容:

- 原理图编辑的操作界面设置;
- 原理图图纸设置;
- 创建原理图图纸模板;
- 原理图工作环境设置(二维码扫描阅读)。

6.1 原理图编辑的操作界面设置

启动 Altium Designer 后,系统并不会进入原理图编辑的操作界面,只有当用户新建或打开一个 PCB 工程中的原理图文件后,系统才会进入原理图编辑的操作界面(图 6-1)。本章介绍的所有操作,都是在原理图编辑的操作界面内完成。所以用户一定要用前面介绍的方法,打开原理图编辑器。

原理图绘制的环境,就是原理图编辑器以及它提供的设计界面。若要更好地利用强大的电子线路辅助设计软件 Altium Designer 进行电路原理图设计,首先要根据设计的需要对软件的设计环境进行正确的配置。Altium Designer 的原理图编辑的操作界面,顶部为主工具栏和主菜单栏,左部为工作区面板,右边大部分区域为编辑区,底部左边为状态栏及命令栏,还有布线工具栏、应用工具栏等。除主工具栏和主菜单外,上述各部件均可根据需要打开或关闭。工作区面板与编辑区之间的界线可根据需要左、右拖动。几个常用工具栏除可将它们分别置于屏幕的上、下、左、右任意一个边上外,还可以以活动窗口的形式出现。下面分别介绍各个环境组件的打开和关闭。

Altium Designer 的原理图编辑的操作界面中多项环境组件的切换可通过选中主菜单"视图"中相应菜单选项实现,如图 6-2 所示。"工具栏"为常用工具栏切换命令;"命令状态"为命令栏切换命令。菜单上的环境组件切换具有开关特性,例如,如果屏幕上有状态栏,当单击一次"状态栏"命令时,状态栏从屏幕上消失,当再单击一次"状态栏"命令时,

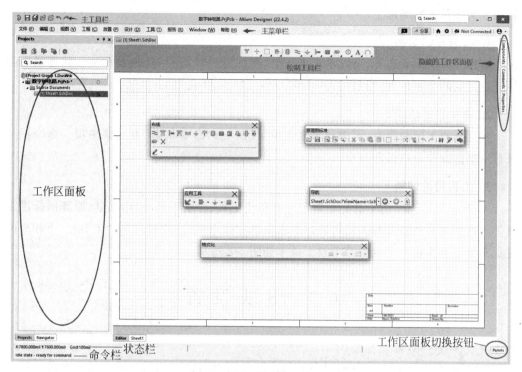

图 6-1　原理图编辑操作界面

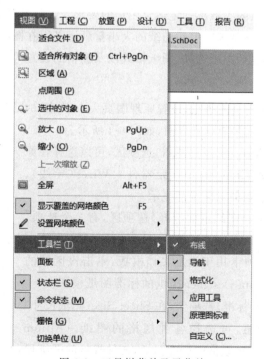

图 6-2　工具栏菜单及子菜单

状态栏又会显示在屏幕上。

1. 状态栏的切换

要打开或关闭状态栏,可以单击来选中"视图"→"状态栏"复选菜单项。状态栏中包括光标当前的坐标位置、当前的 Grid 值。

2. 命令栏的切换

要打开或关闭命令栏,可以单击来选中"视图"→"命令状态"复选菜单项。命令栏用来显示当前操作下的可用命令。

3. 工具栏的切换

Altium Designer 的工具栏中常用的有布线工具、导航工具、应用工具、原理图标准工具等。这些工具的打开与关闭可通过单击来选中或取消选中"视图"→"工具栏"下相应的复选菜单项来实现。工具栏菜单及子菜单如图 6-2 所示。

6.2 图纸设置

6.2.1 图纸尺寸

在电路原理图绘制过程中,对图纸的设置是原理图设计的第一步。虽然在进入原理图设计环境时,Altium Designer 系统会自动给出默认的图纸相关参数。但是对于大多数电路图的设计,这些默认的参数不一定适合用户的要求。尤其是图纸幅面的大小,一般都要根据设计对象的复杂程度和需要对图纸的大小重新定义。在图纸设置的参数中除了要对图幅进行设置外,还包括图纸选项、图纸格式以及栅格的设置等。

1. 选择标准图纸

(1) 双击默认原理图页的边缘,设置原理图页大小,如图 6-3 所示。

(2) 进入原理图图纸参数设置界面,如图 6-4 所示。

(3) 在 Selection Filter(选择过滤器)选项区,可以选择在原理图中显示的对象,如 Components(元器件)、Wires(导线)、Buses(总线)等,默认所有的对象全部显示。

(4) 在 Page Options(图纸页面选择)选项区,有 3 个选项,即 Template(模板)、Standard(标准)、Custom(定制)。单击 Template 选项卡,该选项卡用于设定文档模板,单击该区域的 ▼ 按钮,即可选择 Altium Designer 提供的标准图纸模板。

(5) 单击 Standard(标准)选项卡,在 Sheet Size(图纸尺寸)处,单击右边的 ▼ 按钮,可选择各种规格的图纸。Altium Designer 系统提供了 18 种规格的标准图纸,各种规格的图纸尺寸见表 6-1。

图 6-3 设置原理图页大小

图 6-4　原理图图纸的参数设置

表 6-1　各种规格的图纸尺寸

代　号	尺寸/in	代　号	尺寸/in
A4	11.5×7.6	E	42×32
A3	15.5×11.1	Letter	11×8.5
A2	22.3×15.7	Legal	14×8.5
A1	31.5×22.3	Tabloid	17×11
A0	44.6×31.5	OrCADA	9.9×7.9
A	9.5×7.5	OrCADB	15.4×9.9
B	15×9.5	OrCADC	20.6×15.6
C	20×15	OrCADD	32.6×20.6
D	32×20	OrCADE	42.8×32.8

注：1in＝2.54cm

在 Altium Designer 给出的标准图纸格式中主要有公制图纸格式(A4～A0)、英制图纸格式(A～E)、OrCAD 格式(OrCADA～OrCADE)以及其他格式(Letter、Legal)等。选择后,返回原理图编辑器就更新当前图纸的尺寸。

2. 自定义图纸

如果需要自定义图纸尺寸,单击 Custom(自定义)选项卡,如图 6-5 所示。自定义风格栏中其他各项设置的含义如下。

- Width(宽度):设置图纸的宽度。
- Height(高度):设置图纸的高度。
- Orientation(方向或定位):设置图纸的方向(横向或纵向)。
- Title Block(标题栏):设置图纸的标题栏。
- Margin and Zones(边缘区域):设置图纸的边缘。
- Show Zones(显示区域):选中前面的复选框,显示图纸的边缘区域,否则不显示边缘区域。
- Vertical(垂直):图纸边缘垂直显示格数,4 就是 4 格,用字母 A、B、C、D 表示。
- Horizontal(水平):图纸边缘水平显示格数,6 就是 6 格,用数字 1、2、3、4、5、6 表示。
- Origin(原点):指出图纸边缘标识的起始位置,可以是 Upper Left(左上角)或 Bottom Right(右下角)。
- Margin Width(边缘宽度):设置图纸边框宽度。如图 6-5 所示当前设置为 200mil,就是将图纸的边框宽度设置为 200mil。

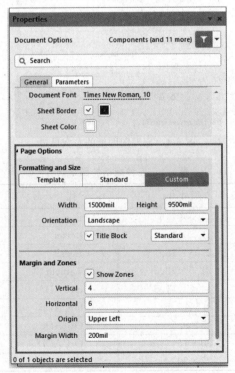

图 6-5   自定义图纸参数

一般来说,这个自定义尺寸是画完原理图之后根据实际需要来定义的,这样可以让原理图不至于过大或者过小。

6.2.2 图纸方向

1. 设置图纸方向

如图 6-4 所示,在 Orientation(方向或定位)处,使用下拉列表可以选择图纸的布置方向。单击右边的 ▼ 按钮可以选择为 Landscape(横向)或 Portrait(纵向)格式。

2. 设置图纸标题栏

图纸标题栏是对图纸的附加说明。Altium Designer 提供了两种预先定义好的标题栏,分别是标准格式(Standard)和美国国家标准协会支持的格式(ANSI),如图 6-6 所示。设置应首先选中 Title Block(标题块)左边的复选框,然后单击右边的 ▼ 按钮即可以选择 Standard 或 ANSI。若未选中该复选框,则不显示标题栏。

(a) 标准格式(Standard)标题栏

(b) 美国国家标准模式(ANSI)标题栏

图 6-6 图纸标题栏

6.3 常 规 设 置

在常规(General)设置栏,可以设置图纸的单位,可视栅格、捕捉栅格、捕捉距离,文字字体大小,图纸边框的颜色及显示与否,以及图纸的底色等参数,如图 6-7 所示。

在 Units(单位)选项区可以设置图纸的单位是用公制或英制,如果选择 mm 表示用公制,mils 表示用英制。

6.3.1 Grid 设置

在设计原理图时,图纸上的栅格为放置元器件、连接线路等设计工作带来了极大的方便。通过对栅格的设置有利于元器件放置及绘制导线的对齐,以达到规范和美化设计的目的。在原理图编辑器中,可以设置网格的种类以及是否显示网格。

- Visible Grid(可视栅格):可以设置可视网格的大小,通过眼睛状图标 ◉ 控制网

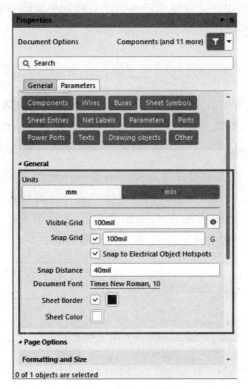

图 6-7　General 设置

格的显示。眼睛状图标有效(◉),网格显示;眼睛状图标无效(🖉),原理图编辑界面不显示网格。

- Snap Grid(捕捉栅格):可以设置捕捉栅格的大小,选中复选框则 Snap Grid 有效。
- Snap to Electrical Object Hotspots(捕捉电子物体):选中复选框表示在绘制原理图图纸上的连线时捕捉电气节点有效。
- Snap Distance(捕捉距离):设置在绘制图纸上的连线时捕捉电气节点的半径。

具体设置内容介绍如下。

(1) 可视栅格(Visible)表示图纸上可见的栅格。

(2) 捕捉栅格(Snap Grid)表示用户在放置或者移动“对象”时,光标移动的距离。通过捕捉功能的使用,可以在绘图中能快速地对准坐标位置,若要使用捕捉栅格功能,先选中“捕捉栅格”(Snap Grid)选项右边的复选框,然后在右边的输入框中输入设定值。

(3) 捕捉距离(Snap Distance)用来设置在绘制图纸上的连线时捕捉电气节点的半径。该选项的设置值决定系统在绘制导线(wire)时,以鼠标指针的当前坐标位置为中心,以设定值为半径向周围搜索电气节点,然后自动将光标移动到搜索到的节点表示电气连接有效。实际设计时,为能准确快速地捕捉电气节点,捕捉距离应该设置得比当前捕捉栅格稍微小点,否则电气对象的定位会变得相当的困难。

栅格的正确设置和使用可以使用户在原理图的设计中准确地捕捉元器件。使用可见栅格,可以使用户大致把握图纸上各个元素的放置位置和几何尺寸,捕捉距离的使用大大地方便了电气连线的操作。在原理图设计过程中恰当地使用栅格设置,可方便电路原理图的设计,提高电路原理图绘制的速度和准确性。

6.3.2　文档字体设置

单击 Document Font 右边的字体弹出系统字体设置下拉菜单,可以对字体、字号等进行设置,如图 6-8 所示。

6.3.3　图纸颜色

图纸颜色设置,包括图纸边框(Sheet Border)和图纸底色(Sheet Color)的设置。

如图 6-8 所示,Sheet Border(图纸边框)选择项用来设置边框的颜色,默认值为黑色。单击右边的颜色框,系统将弹出选择颜色下拉菜单,如图 6-9 所示,我们可通过它来选取新的边框颜色;选中 Sheet Border 右边的复选框,显示图纸边框,否则不显示图纸边框。

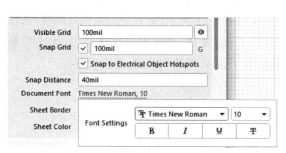

图 6-8　文档字体设置

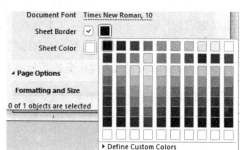

图 6-9　选择颜色对话框

Sheet Color(图纸底色)属性用于设置图纸的底色,默认的设置为浅黄色。要改变图纸底色时,单击右边的颜色框,打开选择颜色对话框,然后选择新的图纸底色。

6.4　图纸设计信息设置

图纸的设计信息记录了电路原理图的设计信息和更新记录。Altium Designer 的这项功能使原理图的用户可以更方便、有效地对图纸的设计进行管理。用鼠标单击 Parameters(参数)选项卡,如图 6-10 所示。Parameters(参数)选项卡中为原理图文档提供 20 多个文档参数,供用户在图纸模板和图纸中放置。当用户为参数赋了值,并选中“显示没有定义值的特殊字符串的名称”复选框后(单击主菜单“工具”→“原理图优先项”→Schematic→Graphical Editing,将出现“显示没有定义值的特殊字符串的名称”复选框),图纸上将显示所赋参数值。

可以设置的选项很多,以下为其中常用的几个。

① Address:用户所在的公司以及个人的地址信息。

② ApprovedBy:原理图审核者的名字。

③ Author:原理图用户的名字。

④ CheckedBy:原理图校对者的名字。

⑤ CompanyName:原理图设计公司的名字。

⑥ CurrentDate：系统日期。

⑦ CurrentTime：系统时间。

⑧ DocumentName：该文件的名称。

⑨ ModifiedDate：修改日期。

⑩ ProjectName：工程名称。

⑪ SheetNumber：原理图页面数。

⑫ SheetTotal：整个设计项目拥有的图纸数目。

⑬ Title：原理图的名称。

如果完成了参数赋值后标题栏内没有显示任何信息。例如如图 6-10 所示的 Title 文本框中，为"数字钟电路"赋值，而标题栏无显示。则需要作如下操作。

单击工具栏中的绘图工具按钮 ，在弹出的工具面板中选择添加放置文本按钮 **A**，按 Tab 键，打开 Text Properties(文本属性)对话框，如图 6-11 所示，可在 Properties(属性)选项区中的 Text 下拉列表中选择"＝Title"选项，在 Font(字体)处可设置字体颜色、大小等属性，然后返回原理图编辑器，鼠标指针在标题栏中 Title 处的适当位置，单击鼠标左键即可。

图 6-10　图纸设计信息对话框

图 6-11　设置的参数在标题栏内可见

6.5　原理图图纸模板设计

Altium Designer 提供了大量的原理图的图纸模板供用户调用,这些模板存放在 Altium Designer 安装目录下"D:\User\Public\Documents\\Altium\AD22\Templates" 子目录里,用户可根据实际情况调用。但是针对特定的用户,这些通用的模板常常无法满足图纸需求,Altium Designer 提供了自定义模板的功能,本节将介绍原理图图纸模板的创建和调用方式。

6.5.1　创建原理图图纸模板

本节将通过创建一个纸型为 B5 的文档模板的实例,介绍如何自定义原理图图纸模板,以及如何调用原理图图纸参数。

(1) 在工作窗口选择"文件"→"新的"→"原理图"命令,新建一个原理图,命名为 B5_Template. SchDoc。

新建的原理图上显示默认的标题栏和图纸边框。

(2) 用在 6.2 节和 6.3 节介绍的方法,删除标题栏与图纸边框的显示,并设置 Unit (单位)为公制。

(3) 自定义图纸幅面。在 Page Options(页面选择)选项区,选择 Custom(定制),在 Width(宽度)文本框中输入 257mm,在 Height(高度)文本框中输入 182mm。

(4) 在 Margin and Zones(边缘区域)选项区,选中 Show Zones(显示区域)前的复选框,选中 Sheet Border(图纸边框)后的复选框,显示图纸边框,在 Vertical(垂直)文本框中输入 3,在 Horizontal(水平)文本框中输入 4,在 Origin(原点)编辑框中选择 Upper Left (左上角),在 Margin Width(边缘宽度)文本框中输入 5mm。

通过以上操作,创建了如图 6-12 所示的 B5 规格的无标题栏的空白图纸。

(5) 单击工具栏中的绘图工具按钮 📉,在弹出的工具面板中单击绘制直线工具按钮 ⁄,按键盘上的 Tab 键,打开直线属性编辑对话框,然后设置直线的颜色为黑色。

(6) 在图纸的右下角绘制如图 6-13 所示的标题栏边框。标题栏的格式,各使用单位有不同的标准,用户需要根据各自单位的要求进行设计。

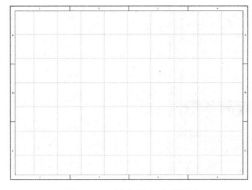

图 6-12　创建的空白图纸

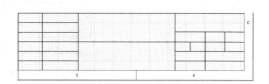

图 6-13　绘制的标题栏边框

（7）单击工具栏中的绘图工具按钮 ☑，在弹出的工具面板中单击添加放置文本按钮 **A**，按键盘上的 Tab 键，打开 Text 对话框，然后设置文字的颜色为黑色，字体为黑体，字形为常规，字体大小为18，文字内容为"标题："，返回原理图纸编辑界面，然后将文字移动到如图 6-14 所示的位置。

（8）再次按 Tab 键，打开 Text 对话框，然后设置字体大小为14，字体颜色为黑色，按照如图 6-15 所示的标题栏，添加其他的文字。

		标题：		

图 6-14   输入标题

设 计	标题：		图号：			
审 核						
工 艺			阶段标记	质量	比例	
标准化	单位：					
批 准			第 张	共 张		
日 期						

图 6-15   添加标题文字后的标题栏

（9）双击图纸边缘，打开 Document Options（文档选项）控制面板，单击选中 Parameters（参数）选项卡，添加 Technologist（工艺）（单击 Add 按钮，添加一行参数 Parameter1，并更名为 Technologist）、Normalizer（标准化）、Ratifier（批准）等参数，如图 6-16 所示。

图 6-16   添加参数控制面板

（10）单击绘制工具栏上的放置文本按钮 **A**，按键盘上的 Tab 键，打开 Text 对话框，然后设置文字的颜色为蓝色，设置字体为 14，在 Text 下拉列表中选择"＝Title"，单击"确定"按钮，然后在标题栏中"标题："处的适当位置按鼠标左键，即把"＝Title"参数放在标题区，如图 6-19 所示。

（11）按照步骤（10）的方法，为标题栏添加如图 6-17 所示的参数，添加完参数的标题栏如图 6-19 所示。

设 计	=Author	标题：		图号：=SheetNumber		
审 核	=ApprovedBy					
工 艺	=Technologist	=Title		阶段标记	质量	比例
标准化	=Normalizer					
批 准	=Ratifier	公司：=CompanyName		第　张	共　张	
日 期	=CurrentDate					

图 6-17　为标题栏添加参数

6.5.2　添加 Logo

（1）选择"放置"→"绘图工具"→"图像"命令，单击放置 Logo 处，弹出"打开"对话框，找到用户放置 Logo 的文件夹，如图 6-18 所示，选择需要放置的 Logo，单击"打开"按钮，返回原理图模板编辑界面，光标处显示 Logo，用户根据需要确定 Logo 的大小，放置好 Logo 的标题栏如图 6-19 所示。

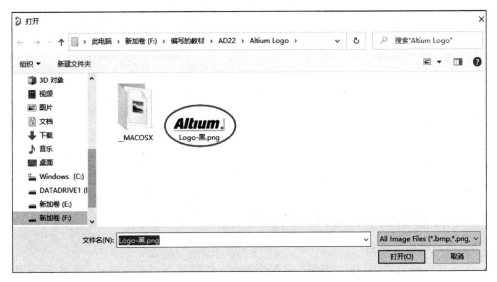

图 6-18　选择需要放置的 Logo

设 计	*	标题：		图号：*		
审 核	*					
工 艺	*	*		阶段标记	质量	比例
标准化	*	公司：	*Altium*			
批 准	*			第　张	共　张	
日 期	2022/3/23	*				

图 6-19　设计好的标题栏

(2) 为了让放置的 Logo 嵌入标题栏上,可以通过创建"联合"实现。首先双击 Logo,弹出属性对话框,如图 6-20 所示,选中 Embedded(嵌入)复选框,单击 OK 按钮;选择并在刚导入的 Logo 上右击,在弹出的快捷菜单选择"联合"→"从选中的元器件创建联合"命令,如图 6-21 所示,弹出 Information(信息)确认对话框,单击 OK 按钮。

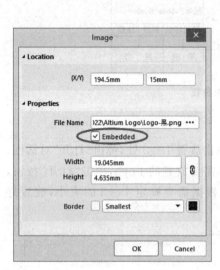

图 6-20　选中 Embedded 复选框　　　　　图 6-21　生成联合

(3) 选择"文件""另存为"命令,在弹出的"保存"对话框中设置文件名为 B5_Template. SchDot。注意保存类型应为原理图模板文件. SchDot,单击"保存"按钮。

注意:

(1) Altium 在原理图编辑器中增加了放置图形功能,用户可在原理图上放置 JPG、BMP、PNG 或 SVG 格式的图形。

(2) 日期这一栏的参数为 CurrentDate,所以显示的是在绘图时计算机的系统日期。

6.5.3　原理图图纸模板文件的调用

1. 系统模板的调用

在原理图编辑器中,在工作窗口选择"设计"→"模板"→Local 命令,如图 6-22 所示,弹出"更新模板"对话框,选择适配的范围更新即可。

2. 自定义模板的调用

(1) 如果要调用 6.5.2 小节创建的原理图图纸模板 B5_Template. SchDot,在工作窗口选择"设计"→"模板"→Local→Load From File 命令,弹出"打开"对话框,找对路径,选择 6.5.2 小节中创建的原理图图纸模板文件 B5_Template. SchDot,单击"打开"按钮,弹出"更新模板"对话框,如图 6-23 所示。

① 对话框中的"选择文档范围"选项区有三个选项,用来设置操作的对象范围。

图 6-22　系统模板调用

- 仅该文档：仅仅对当前原理图文件进行操作，即移除当前原理图文件模板，调用新的原理图图纸模板。
- 当前工程的所有原理图文档：将对当前原理图文件所在工程中的所有原理图文件进行操作，即将移除当前原理图文件所在工程中所有的原理图文件模板，调用新的原理图图纸模板。
- 所有打开的原理图文档：将对当前所有已打开的原理图文件进行操作，即移除当前打开的所有原理图文件模板，调用新的原理图图纸模板。

② 对话框中的"选择参数作用"选项区有三个选项用于设置对于参数的操作。

- 不更新任何参数：在模板中新建的参数不能添加，仅保留系统的参数。
- 仅添加模板中存在的新参数：将原理图图纸模板中的新定义的参数添加到调用原理图图纸模板的文件中。
- 替代全部匹配参数：用原理图图纸模板中的参数替换当前文件的对应参数。

（2）在如图 6-23 所示的"更新模板"对话框中，选中"仅该文档"单选按钮；选中"仅添加模板中存在的新参数"单选按钮（由于在创建 B5_Template.SchDot 模板时建立了"工艺""标准化""批准"参数），单击"确定"按钮，弹出如图 6-24 所示的 Information 对话框，要求用户确认在一个原理图文档中调用新的原理图模板。

图 6-23　"更新模板"对话框

图 6-24　Information 消息框

单击 OK 按钮,即调出了原理图图纸模板,如图 6-25 所示。

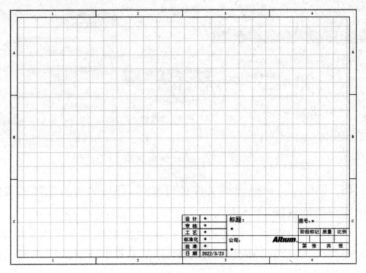

图 6-25　调用的原理图图纸模板

调用的原理图图纸模板与 6.5.1 小节建立的标题栏的格式完全相同,只是标题栏里的参数需要用户根据实际的原理图进行设置。注意"日期"这一栏的内容是计算机内的系统日期。

3. 模板的删除

如果设计当中考虑到保密或者有不需要的模板时,可以对模板进行删除。在工作窗口中选择"设计"→"模板"→"移除当前模板"命令,可以删除当前使用的模板。

本 章 小 结

本章介绍了原理图绘制的操作界面配置,原理图图纸幅面、方向、标题栏的设置,原理图图纸模板的设计及调用,最后介绍了原理图工作环境的设置。用户可以有针对性地选择学习,对于没有介绍的内容最好选用系统默认的设置。

习　题　6

(1) Altium Designer 原理图编辑器中的常用工具栏有哪些? 各种工具栏的主要用途是什么?

(2) 新建一个原理图图纸,图纸大小为 Letter、标题栏为 ANSI,图纸底色为浅黄色 214。

(3) 在 Altium Designer 中提供了哪几种类型的标准图纸? 能否根据用户需要定义图纸?

(4) 创建如图 6-26 所示的原理图的标题栏。

标题:		公司:	
设计:	审核:	标准化:	
制图:	批准:	时间:	

图 6-26　标题栏

（5）熟练掌握"视图"菜单中的环境组件切换、工作区面板的切换、状态栏的切换、命令栏的切换、工具栏的切换等操作。

（6）如何将原理图可视网格设置成 Dot Grid 或 Line Grid？

（7）如何设置光标形状为 Larger Cursor 90 或 Small Cursor 45？

（8）如何设置元器件自动切割导线？（即当放置一个元器件时，若元器件的两个管脚同时落在一根导线上，该导线将被元器件的两个管脚切割成两段，并将切割的两个端点分别与元器件的管脚相连接。）

第 7 章

数字钟电路原理图绘制

数字钟原
理图绘制

任务描述

  本章主要介绍数字钟电路原理图(见图 7-1)的绘制。在该原理图中,首先调用第 6 章建立的原理图图纸模板,然后调用第 4 章建立的原理图库内的两个器件,即 AT89C2051 单片机、数码管。通过该电路图验证建立的原理图库内的两个器件的正确性,并进行新知识的介绍。通过本章的学习,将能够更加快捷和高效地使用 Altium Designer 的原理图编辑器进行原理图的设计。本章包含以下内容:

- 导线的放置模式、放置总线及总线引入线;
- 原理图对象的编辑;
- SCH Filter 面板;

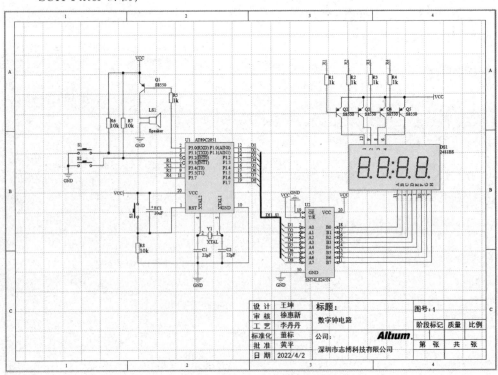

图 7-1 数字钟电路原理图

7.1　数字钟原理图的绘制

7.1.1　绘制原理图首先要做的工作

（1）在主窗口选择"文件"→"新的"→"项目"命令，在弹出的 Create Project 对话框的 Project Name（项目名）文本框中输入"数字钟电路"，单击 Create 按钮，则在硬盘上建立一个"数字钟电路"的文件夹，并自动建立一个"数字钟电路.PrjPCB"项目文件并把它保存在"数字钟电路"的文件夹下。

（2）选择"文件"→"新的"→"原理图"命令，新建一个原理图。

（3）调用第 6 章建立的原理图图纸模板，选择"设计"→"模板"→Local→Load From File 命令，弹出"打开"对话框，选择模板文件即可（调用方法已在 6.5.3 小节中介绍，在此不再赘述），并把原理图另存为"数字钟电路.SchDoc"。

（4）双击原理图边框，弹出 Document Option（文档选项）对话框，设置 Units（单位）为 mils（使用英制单位），设置 Visble Grid（可视栅格）为 100mil，Snap Grid（捕捉栅格）为 50mil，Snap Distance（捕捉距离）为 30mil。

（5）单击选中 Parameters（参数）选项卡，修改参数列表的内容，将参数 Title 的内容改为原理图的名称"数字钟电路"；将参数 Author 的内容设置为设计者的姓名"王坤"；将参数 ApprovedBy 的内容设置为"徐惠新"；将参数 Technologist 的内容设置为"李丹丹"；将参数 Normalizer 的内容设置为"董标"；将参数 Ratifier 的内容设置为"黄平"；将参数 CompanyName 的内容改为"深圳市志博科技有限公司"；然后关闭 Parameters（参数）选项卡。将原理图文件另存为文件"数字钟电路.SchDoc"，设计好的原理图图纸如图 7-2 所示。

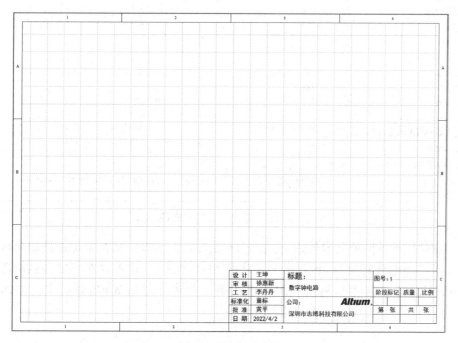

图 7-2　原理图图纸

7.1.2　加载库文件(准备元器件)

　　数字钟电路的原理图有 30 多个元器件,首先要准备元器件,当元器件准备好,在绘制原理图及 PCB 图时,需要知道这些元器件在系统提供的库内是否能查找到。

　　Altium Designer 为了管理数量巨大的电路标识,电路原理图编辑器提供强大的库搜索功能。画原理图时,首先在软件默认安装的 2 个库内查找元器件;找不到,再在系统提供的库(默认安装路径为“D:\Users\Public\Documents\Altium\AD22\Library\”,如图 7-3 所示)内查找,并加载相应的库文件;如果系统提供的库内查找不到元器件,则可以在网上查找,如果都找不到,只有用户自己建元器件库。在这里加载设计者在第 5 章建立的集成库文件 Integrated_Library1.IntLib。

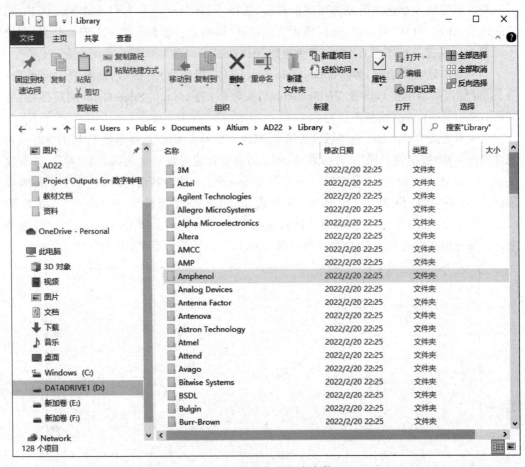

图 7-3　系统安装的库文件

　　根据数字钟电路的元器件表,见表 7-1(第 7.1.3 小节),先在系统提供的库内查找74LS245 三态总线转换器,然后查找 AT89C2051 单片机(该器件在系统提供的库内查找不到,设计者已建库),然后添加用户在第 5 章建立的集成库,加载建立的库文件即可。

1. 先来查找型号为 74LS245 元件

（1）单击"库"（Components）选项卡，显示"库"面板如图 7-4 所示。

（2）在"库"面板中单击 ≡ 图标，在弹出的下拉菜单中选择 File-based libraries Search（基于文件的库搜索）命令如图 7-5 所示，将打开"搜索库"对话框，如图 7-6 所示。

（3）对于本例必须确认"范围"选项区中，"搜索范围"选择为 Components（对于库搜索存在不同的情况，使用不同的选项）。必须确保在"范围"选项区中选中"搜索路径中的库文件"单选按钮，并且"路径"应包含正确的连接到库的路径。如果用户接受安装过程中的默认目录，路径中会显示 \Users\Public\Documents\Altium\AD22\Library\。可以通过单击文件浏览按钮来改变库文件夹的路径。还要确保已经选中"包含子目录"复选框。

（4）我们想查找所有与 74LS245 有关的器件，所以在"过滤器"选项区中的"字段"列的第 1 行选择 Name（名字），"运算符"列选择 Contains（包含），在"值"列输入 74LS245，如图 7-6 所示。

（5）单击"查找"按钮开始查找。搜索启动后，等待一会儿，搜索结果如图 7-7 所示。

（6）双击 SN74LS245N 器件，弹出 Confirm 对话框如图 7-8 所示，确认是否安装器件 SN74LS245N 所在的库文件 TI Interface 8-bit Line Transceiver. IntLib，单击 Yes 按钮，即安装该库文件。器件 SN74LS245N 查找完毕。

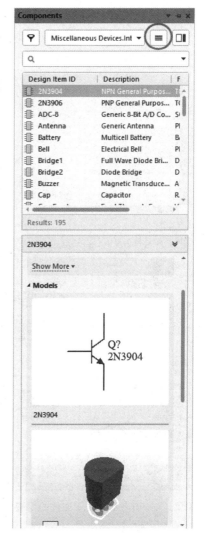

图 7-4　"库"面板

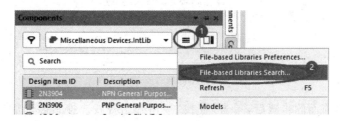

图 7-5　选择 File-based libraries Search

2. 查找 AT89C2051 单片机

按前面介绍的步骤（1）～步骤（4）在系统提供的库内查找 AT89C2051 单片机，如图 7-9 所示。

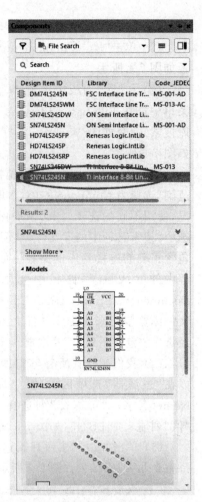

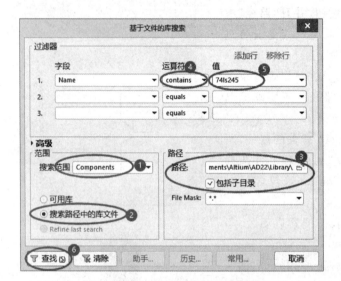

图 7-6 "基于文件的库搜索"对话框   图 7-7   搜索结果

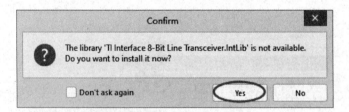

图 7-8   确认是否安装库文件

(1) 执行完前面的步骤后,单击"查找"按钮开始查找。搜索启动后,等待一会儿,搜索结果如图 7-10 所示。

(2) 由于在系统提供的库内没有找到 AT89C2051 单片机(提示:如果要搜索更多的元器件,试试 MPS(Manufacturer Part Search)搜索)。单击 Manufacturer Part Search,弹出如图 7-11 对话框。

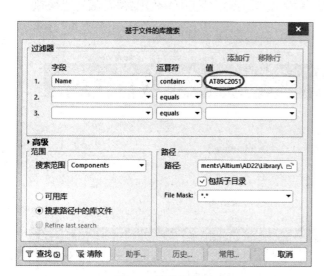

图 7-9　搜索单片机

图 7-10　"库"搜索结果

图 7-11　MPS 搜索窗口

（3）在 Search 栏输入 AT89C2051，搜索结果如图 7-12 所示，单击 ❶ 图标展开详细信息，如图 7-13 所示。

（4）通过单击 Datasheets（数据表）下的图标可以查看 AT89C2051 的资料（PDF 文件）；通过单击 Alternative（可供选择的网站）栏下的图标可以进入相应的网站查看或下载资料。

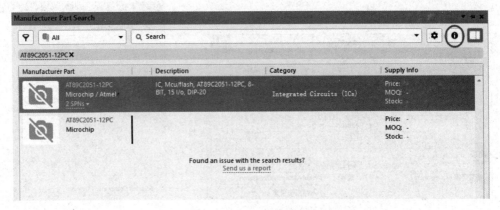

图 7-12　MPS 搜索结果

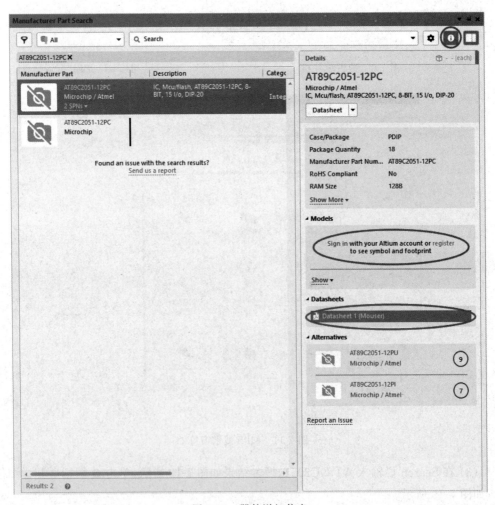

图 7-13　器件详细信息

在 Models 选项区中提示 Sign in with your Altium account or register to see symbol and footprint(用您的 Altium 账户登录或注册以查看原理图符号与封装)。具体操作请

在网上查看 MPS 使用步骤及说明。

3. 安装第 5 章建立的集成库文件 Integrated_Library1. IntLib

（1）在"库"面板中单击 **≡** 图标，在弹出的下拉菜单中选择 File-based libraries Preferences（基于文件的库参数选择）命令，即可打开"可用的基于文件的库"（Available File-based libraries）对话框，如图 7-14 所示。

图 7-14　"可用的基于文件的库"对话框

（2）单击"安装"按钮，弹出打开路径的对话框，如图 7-15 所示，选择正确的路径和需要安装的库名，单击"打开"按钮。

图 7-15　安装库文件

添加的库将显示在"库"面板中。如果用户单击"库"面板中的库名，库中的元器件会在"库"面板中列表显示。面板中的元器件过滤器可以用来在一个库内快速定位一个元器件。

如果要删除一个已安装的库，在如图 7-14 所示的"已安装"选项卡列表中选中该库，单击"删除"按钮即可。

7.1.3　放置元器件

用第 2 章介绍的方法放置元器件。表 7-1 给出了该电路中每个元器件样本、元器件编号(位号)、元器件名称(型号规格)、所在元器件库等数据。注意在放置元器件的时候,一定要注意该元器件的封装要与实物相符。

表 7-1　数字钟电路元器件数据

元器件样本	描述	位号	封装形式	数量	所在元器件库	值
AT89C2051	单片机 AT89C2051	U1	DIP20	1	Integrated_Library1.IntLib	
2481BS	四位数码管	DS1	2481BS	1	Integrated_Library1.IntLib	
SN74LS245N	三态总线转换器	U2	N020	1	TI Interface 8-Bit LineTransceiver.IntLib	
S8550	PNP 三极管	Q1、Q2、Q3、Q4、Q5	TO-92A	5	Miscellaneous Devices.IntLib	
XTAL	晶振	Y1	R38	1	Miscellaneous Devices.IntLib	
Speaker	蜂鸣器	BUZ1	BEEP 5×9×5.5	1	Miscellaneous Devices.IntLib	
SW-PB	开关	S1、S2、S3	TSW SMD-6×6×8	3	Miscellaneous Devices.IntLib	
Cap	电容	C1、C2	RAD-0.1	2	Miscellaneous Devices.IntLib	22pF
Cap Pol2	极性电容	EC1	RB3-6	1	Miscellaneous Devices.IntLib	$10\mu F$
Res2	电阻	R1、R2、R3、R4、R5	AXIAL-0.3	5	Miscellaneous Devices.IntLib	$1k\Omega$
Res3	电阻	R6、R7、R16	AXIAL-0.3	3	Miscellaneous Devices.IntLib	$10k\Omega$

(1) 在"库"面板,选择 Integrated_Library1.IntLib 库,放置 AT89C2051 单片机、数码管 2481BS。

(2) 在"库"面板,选择 TI Interface 8-Bit Line Transceiver.IntLib 库,放置 74LS245N。

(3) 在"库"面板,选择 Miscellaneous Devices.IntLib 库,放置未放置的元器件见表 7-1。

① 放置 S8550 三极管,用 Design Item ID(元器件名)为 2N3906 的器件,放置时按 Tab 键,弹出 Properties 对话框,将 comment(注释)改为 S8550。

② 在放置电容 C1、C2 的过程中,将封装改为 RAD-0.1,方法如下。

- 在放置 C1 的时候,当光标上"悬浮"着一个电容符号时,按 Tab 键编辑电容的属性。在 Properties Component 对话框的 Footprint 电容的封装模型为 RAD-0.3,如图 7-16 所示,现在要把它改为 RAD-0.1。

- 单击如图 7-16 所示的编辑 🖉 按钮,弹出"PCB 模型"对话框,如图 7-17 所示。在"PCB 元件库"选项区,选中"任意"单选按钮;在"封装模型"选项区,单击"浏览"

按钮,弹出"浏览库"对话框,如图 7-18 所示,在 Mask 文本框内输入 R,下面就列出所有名称以 R 开头的封装;选择 RAD-0.1 的封装,单击"确定"按钮,则将电容 C1 封装改为 RAD-0.1。

- 用同样的方法将 C2 封装改为 RAD-0.1。

在原理图内也可以不修改元器件的封装,而是采用默认值,然后在 PCB 板内,根据实际元器件的尺寸修改封装。

(4)放置 VCC、GND。元器件放置完后,调整元器件的位置,用大光标方便。单击设置图标 ⚙,弹出"优选项"对话框,单击选中 Schematic(原理图)→Graphical Editing 选项卡,在"光标类型"栏将光标改为 Large Cursor 90(90°大光标),将元器件的位置按如图 7-1 所示的位置调整好。

7.1.4　元器件位号的重新编号

元器件的位置调整合理后,如果在放置元器件时没有设置位号,在放置元器件时复制了元器件,会存在位号重复或者元器件编号杂乱的现象,使后期 BOM 表的整理十分不便。重新编号可以对原理图中的位号进行复位和统一,方便设计及维护。

(1)在原理图编辑器中,选择"工具"→"标注"→"原理图标注"命令,打开"标注"对话框,如图 7-19 所示,用户可以在此对项目中的所有或已选的部分进行重新分配位号(标号),以保证位号是连续和唯一的。

(2)在"标注"对话框中的"处理顺序"选项区,可以选择位号或标识符(Designator)的排序。

- Across Then Down:从左到右从上到下。
- Across Then Up:从左到右从下到上。
- Up Then Across:从下到上从左到右。
- Down Then Across:从上到下从左到右。

图 7-16　为选中元器件选择相应的模型

4 种标注方式分别如图 7-20 所示,可以根据自己的需要进行选择,不过建议选择第 1 种 Across Then Down 常规方式。

(3)匹配选项。按照默认设置即可。

(4)原理图页标注。用来设定工程中参与编号的原理图页,如果想对此原理图页进行编号则选中前面的复选框,不选中表示不参与。

(5)建议更改列表。列出元器件当前编号和执行编号之后的新编号。

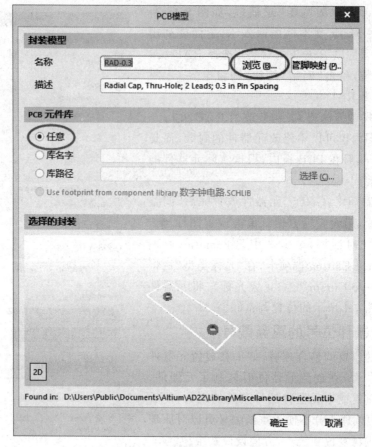

图 7-17 "PCB 模型"对话框

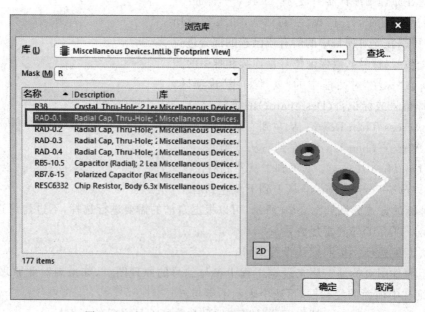

图 7-18 在"浏览库"对话框中选中需要的封装形式

图 7-19　"标注"对话框

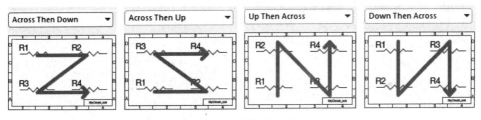

图 7-20　4 种标注方式

（6）编号功能按钮的意义如下。

① 单击 Reset All 按钮，复位所有元器件编号，使其变成"字母＋?"的格式。

② 单击"更新更改列表"按钮，对元器件列表进行编号变更，系统就会根据之前选择的编号方式进行编号。

③ 单击"接受更改（创建 ECO）"按钮接受编号变更，实现原理图的变更，会出现工程变更单，将变更选项提供给用户进行再次确认，如图 7-21 所示。可以单击"验证变更"按钮来验证变更是否可以，如果可以，在右侧"检测"栏会出现对勾表示全部通过。通过之后，单击"执行变更"按钮执行变更，即可完成原理图中位号的重新编辑。

数字钟电路元器件位号重新标注的原理如图 7-22 所示。

7.1.5　导线放置模式

导线用于连接具有电气连通关系的各个原理图管脚，表示其两端连接的两个电气结点处于同一个电气网路中。原理图中任何一根导线的两端必须分别连接引脚或其他电气符号。

在原理图中表示导线连通的方式有以下 3 种。

（1）原理图中直接用"导线（Wire）"连接。

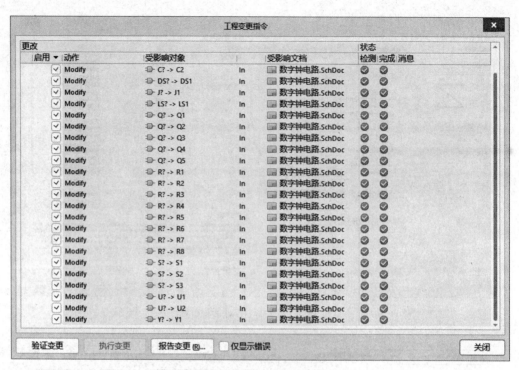

图 7-21   工程变更单

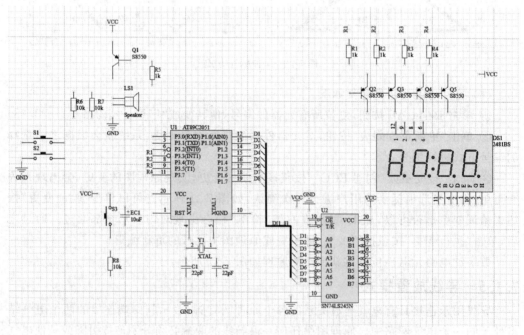

图 7-22   重新标注位号的原理图

(2) 用"网络标签"连接,原理图中,凡是"网络标签"名相同的表示这几个点是连通的。

(3) 用总线和总线引入线连接(实质也是网络标签名相同)。

在原理图中添加导线的步骤如下。

（1）在主菜单中选择"放置"→"线"命令，或者单击"绘制工具栏"工具栏中的放置导线工具图标 ≋。此时鼠标指针自动变成十字形状，表示系统处于放置导线状态。

（2）按 Tab 键，打开如图 7-23 所示的 Wire（线）Properties 对话框。

（3）单击 Wire Properties 对话框中的"颜色"色彩条可以改变导线的颜色。单击 Width（线宽）下拉列表的 ▼ 符号，在弹出的下拉列表中可以选择导线的线宽，在本例中选择 Small。

图 7-23 Wire Properties 对话框

设置好后返回原理图编辑器即进入导线放置模式，具体放置方法已在前面介绍，这里不再赘述。

（4）放置导线的时候，按 Shift＋Space 组合键可以循环切换导线放置模式（英文输入方法有效）。有以下多种模式可选：①90°；②45°；③自由角度，该模式下导线按照直线连接其两端的电气结点；④自动布线。按空格键可以在顺时针方向布线和逆时针方向布线之间切换（如 90°和 45°模式），或在任意角度和自动连线之间切换。这 4 种布线方式所生成的导线如图 7-24 所示。

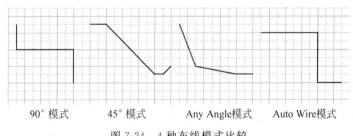

90°模式   45°模式   Any Angle模式   Auto Wire模式

图 7-24 4 种布线模式比较

连接导线的原理图如图 7-1 所示。

在连线过程中，按住 Ctrl 键不放，滚动鼠标上的滑轮，可以任意放大或缩小原理图；按住 Shift 键不放，滚动鼠标上的滑轮，可以左右移动原理图。

7.1.6 放置总线引入线和总线

在数字电路原理图中常会出现多条平行放置的导线，由一个器件相邻的管脚连接到另一个器件的对应相邻管脚。为降低原理图的复杂度，提高原理图的可读性，设计者可在原理图中使用总线（Bus）。总线是若干条性质相同的信号线的组合。在 Altium Designer 的原理图编辑器中，总线和总线引入线实际上都没有实质的电气意义，仅仅是为了方便查看原理图而采取的一种示意形式。电路上依靠总线形式连接的相应点的电气关系不是由总线和总线引入线确定的，而是由在对应电气连接点上放置的网络标签（Net Label）确定的，只有网络标签相同的各个点之间才真正具备电气连接关系。

通常情况下，为与普通导线相区别，总线比一般导线要粗，而且在两端有多个总线引入线和网络标记。放置总线的过程与导线基本相同,其具体步骤如下。

为了学习怎样绘制总线和总线引入线,设计者在 U1 的 P1 口与 U2 的 A 口之间绘制。先在 U1 的 P1 口用“线”绘制短线,如图 7-25 所示。该短线要用网络标签命名。

1. 放置总线引入线

(1) 单击“布线”(Wiring)工具栏中的放置总线引入线工具图标 ,或者在主菜单选择“放置”→“总线入口”命令。此时鼠标指针变成十字形,并且自动“悬浮”一段与水平方向夹角为 45°或 135°的导线,如图 7-26 所示,表示系统处于放置总线引入线状态。

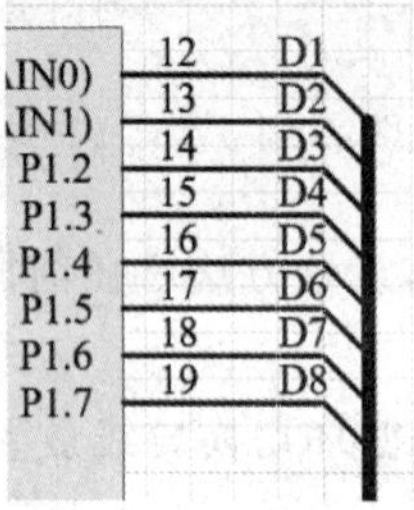

图 7-25 绘制好的总线引入线、放置网络标签后的总线

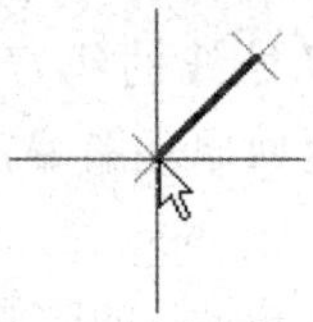

图 7-26 放置总线引入线时的鼠标指针

(2) 按 Tab 键,打开如图 7-27 所示的总线入口 Properties 对话框。

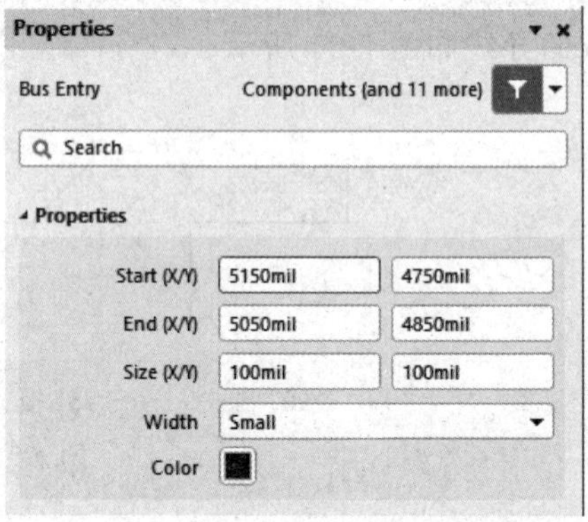

图 7-27 总线入口 Properties 对话框

(3) 单击“颜色”色彩条打开“选择颜色”话框,用户可在其中设置总线引入线的颜色。

(4) 在“总线入口”Properties 对话框中单击 Width(线宽)下拉列表右侧的 ▾ 按钮,在下拉列表中选择总线引入线的宽度。与线宽度一样,总线引入线也有 4 种宽度线型可选择,分别是 Smallest、Small、Medium 和 Large,默认的线宽为 Small,建议选择与线相同的线型。

(5) 将鼠标指针移到将要放置总线引入线的器件管脚的连线端,鼠标指针上出现一个红色的星形标记,单击鼠标即可完成一个总线引入线的放置。如果总线引入线的角度不符合布线的要求,可以按“空格键”调整总线引入线的方向。

(6) 重复步骤(5)的操作,在其他管脚短线端放置总线引入线。当所有的总线引入线全部放置完毕后,右击或按 Esc 键退出放置总线引入线的状态,此时鼠标指针恢复为箭头状态 。

(7) 按以上操作绘制 U2 器件 A 口的短线和总线入口。

2. 放置总线

(1) 单击“布线”(Wiring)工具栏上的放置总线工具图标 或者选择主菜单中的“放置”→“总线”命令。此时鼠标指针自动变成十字形,表示系统处于放置导线状态。

（2）按住 Tab 键，打开如图 7-28 所示的总线 Properties 对话框。

（3）在总线 Properties 对话框中单击"颜色"色彩条，打开"选择颜色"对话框。用户可在"选择颜色"对话框中设置总线的颜色。

（4）在 Width(总线宽度)下拉列表中选择总线的宽度。与导线宽度的设置相同，Altium Designer 为用户提供了 4 种宽度的线型供选择，分别是 Smallest、Small、Medium 和 Large，默认的线宽为 Small。总线的宽度与导线宽度相匹配，即两者都采用同一设置，本例中选择线宽为 Small。如果导线宽度设置比总线宽度大的话，容易引起混淆。画总线时，总线的末端最好不要超出总线引入线。

（5）将鼠标指针移动到欲放置总线的起点位置 U1 的 P1 口的总线引入线上，鼠标指针上出现一个红色的星形标记，表示总线与总线引入线连接好，单击或按 Enter 键确定总线的起点。移动鼠标指针后，连接所有的总线引入线，如图 7-29 所示，单击或按 Enter 键确定总线的第二个固定点。继续移动鼠标指针，确定总线上的其他固定点，连接 U2 的 A 口的引入线，单击或按 Enter 键，确定终点，然后右击或按 Esc 键，完成这条总线的放置。

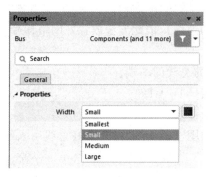

图 7-28 总线 Properties 对话框

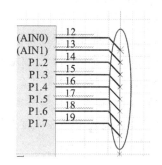

图 7-29 总线与总线引入线相连接

仅仅绘制完总线引入线和总线在原理图中并不代表任何意思，还需要为其添加网络标记。

7.1.7 放置网络标签(网络标号)

添加了总线引入线、总线后，实际上并未在电路图上建立正确的引脚连接关系，此时还需要添加网络标签(Net Label)，网络标签是用来为电气对象分配网络名称的一种符号。在没有实际连线的情况下，也可以用来将多个信号线连接起来。网络标签可以在图纸中连接相距较远的元器件管脚，使图纸清晰整齐，避免长距离连线造成的识图不便。网络标签可以水平或者垂直放置。在原理图中，采用相同名称的网络标签标识的多个电气结点被视为同一条电气网络上的点，等同于有一条导线将这些点都连接起来了。因此，在绘制复杂电路时，合理地使用网络标签可以使原理图看起来更加简洁明了。放置网络标签的步骤如下。

（1）在主菜单中选择"放置"→"网络标签"命令，或在工具栏上单击放置网络标号工具图标 Net 。

此时鼠标指针将变成十字形，并在鼠标指针上"悬浮"着一个默认名为 Net Label 的标签。

(2) 按 Tab 键,打开如图 7-30 所示的"网络标签"对话框。

(3) 单击"颜色"色彩块,可以选择网络标号的文字色彩。

(4) 单击 Rotation 下拉列表右侧的下三角按钮,在弹出的列表中选择网络标号的旋转角度。

(5) 在 NetName 文本框内设置网络标号的名称为 D1。

(6) 单击 Font(字体)下拉列表右侧的下三角按钮,可以设置网络标号的字体、字号。

在 Altium Designer 系统中,网络标号的字母不区分大小写。在放置过程中,如果网络标号的最后一个字符为数字,则该数字会自动按指定的数字递增。

(7) 将鼠标指针移到需要放置网络标号的导线上(注意一定要放置在导线上),如 U1元件的 12 引脚处,当鼠标指针上显示出红色的星形标记时,表示鼠标指针已捕捉到该导线,单击即可放置一个网络标号。

如果需要调整网络标号的方向,按键盘的空格键,网络标号会按逆时针方向旋转 90°。

(8) 将鼠标指针移到其他需要放置网络标号的位置,如 U1 元件的 13 引脚的导线上,单击即放置好网络标号 D2(D 后面的数字自动递增),依此方法放置好网络标号 D3~D8。右击或按 Esc 键即可结束放置网络标号状态。

如图 7-25 所示为一个已放置好网络标号的总线的一端。

(9) 用以上方法放置好 U2 A 口的网络标号 D1~D8。

注意:网络标号名称相同的表示是同一根导线。

(10) 为总线放置网络标号 D[1...8]。如图 7-31 所示为放置好总线引入线、总线及网络标号的电路原理图。

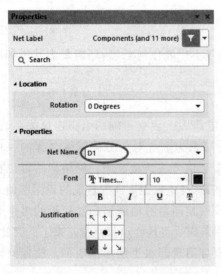

图 7-30　Net Label 对话框

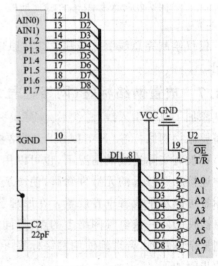

图 7-31　放置好的总线、总线引入线及网络标号

把数字钟电路的其他导线都连接好后,如果元器件的位置不合适,可以移动元器件,绘制的数字钟电路的原理图如图 7-1 所示。

7.1.8 检查原理图

编辑项目可以检查设计文件中的设计原理图和电气规则的错误,并提供给用户一个排除错误的环境。

(1)要编辑数码管显示电路,选择"工程"→"Validate PCB Project 数字钟电路.PrjPCB"命令。

(2)当项目被编辑后,任何错误都将显示在 Messages 面板上。如果电路图有严重的错误,Messages 面板将自动弹出,否则 Messages 面板不出现。如果报告给出错误,则检查用户的电路并纠正错误。

(3)如果要查看 Messages 面板信息,单击 Panels 按钮,在弹出的下拉菜单中选择 Messages 命令,如图 7-32 所示,显示的警告(Warning)信息可以忽略,显示"Compile successful,no errors found."表示编译成功,没有发现错误。

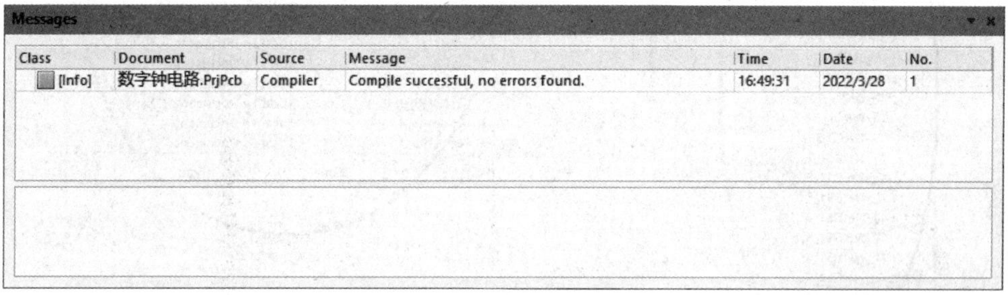

Class	Document	Source	Message	Time	Date	No.
[Info]	数字钟电路.PrjPcb	Compiler	Compile successful, no errors found.	16:49:31	2022/3/28	1

图 7-32 原理图编译成功

项目编译完后,在 Projects、Navigator 面板中将列出所有对象的连接关系,如图 7-33、图 7-34 所示。如果 Navigator 没有显示,单击 Panels 按钮,在弹出的下拉菜单中选择 Navigator 命令即可。

(4)对于已经编译过的原理图文件,用户还可以使用 Navigator 面板选取其中的对象进行编辑。

Navigator 面板上部是该项目所包含的原理图文件的列表,本例中包含一个数字钟电路的原理图文件。

Navigator 面板中部是元器件表,列出了原理图文件中的所有元器件信息。如果用户需要选择任何一个元件进行修改,可以单击元器件列表中的对应元件编号,即可在工作区放大显示该元器件,且其他元器件将被自动蒙板遮住。如图 7-35 所示就是在 Navigator 面板中的元器件列表中选择了编号为 DS1 的数码管后,工作区的显示情况。采用这种方法,就能很快地在元器件众多的原理图中定位某个元件。

在元器件表的下方是网络连线表,显示所有网络连线的名称和应用的范围,单击任何一个网络名称,在工作区都会放大显示该网络连线,并且使用自动蒙板将其他对象遮住。

在 Navigator 面板的最下方是端口列表,显示当前所选对象的端口("端口"将在第 13 章中介绍),默认为图纸上的输入、输出端口的信息。当用户在元器件列表或者网络连线列表中选择一个对象时,端口列表将显示该对象的引脚信息,单击端口列表中的信息时,工作区将会放大显示该信息,并且使用自动蒙板将其他图元对象遮住。

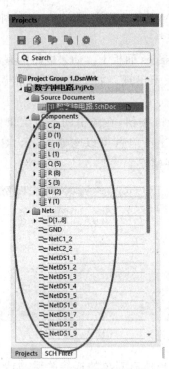

图 7-33　元器件及连线

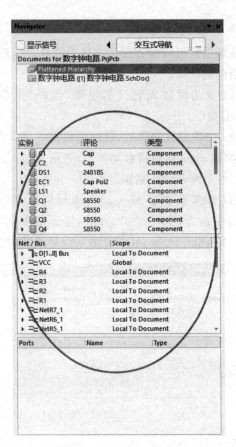

图 7-34　Navigator 面板

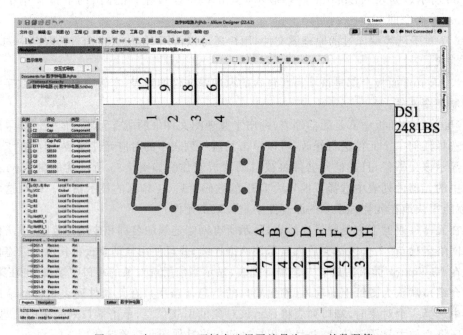

图 7-35　在 Projects 面板中选择了编号为 DS1 的数码管

7.2　原理图对象的编辑

如果用户在绘制原理图的过程中,元器件的位置摆放得不好,连接的导线需要移动,可以采用以下的方法对其进行编辑。

7.2.1　对已有导线的编辑

对已有导线的编辑可有多种方法——移动线端、移动线段、移动整条线或者延长导线到一个新的位置等,具体如下。

1. 移动线端

要移动某一条导线的线端,应该先选中它。将光标定位在用户想要移动的那个线端,此时光标会变成双箭头的形状,然后按下鼠标左键并拖动该线端到一个新的位置即可。

2. 移动线段

用户可以对线的一段进行移动。先选中该导线,并且移动光标到用户要移动的那一段上,此时光标会变为十字箭头的形状,然后按下鼠标左键并拖动该线段到达一个新的位置即可。

3. 移动整条线

要移动整条线而不是改变它的形态,可按下鼠标左键拖动它。

4. 延长导线到一个新的位置

已有的导线可以延长或者补画。选中导线并定位光标到用户需要移动的线端直到光标变成双箭头。按下鼠标左键并拖动线端到达一个新位置,在新位置单击即可。在用户移动光标到一个新位置的时候,用户可以通过按 Shift＋Space 组合键来改变放置模式。

要在相同的方向延长导线,可以在拖动线端的同时按下 Alt 键。

5. 断线

可选择“编辑”→“打破线”命令来将一条线段断成两段。本命令也可以在光标停留在导线上的时候,右击并在弹出的快捷菜单中找到。默认情况下,会显示一个可以放置到需要断开导线上的“断线刀架”标志。线段被切断的情形如图 7-36 所示。断开的长度就

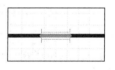

图 7-36　断线

是两段新线段之间的那部分。按 Space 键可以循环切换 3 种截断方式(整线段、按照栅格尺寸以及特定长度)。按 Tab 键来设置特定的切断长度和其他切断参数;单击以切断导线;右击或者按 Esc 键退出断线模式。断线选项也可以在“优选项”对话框下的 Schematic→Break Wire 选项卡中进行设置。

用户可以在“优选项”对话框下的 Schematic→General 页面中选中“元器件割线”复选框。当“元器件割线”复选框被选中的时候,用户可以放置一个元器件到一条导线上,同时,线段会自动分成两段而成为这个元器件的两个连接端。

6. 多段线

原理图编辑器中的多线编辑模式允许用户同时延长多根导线。如果多条并行线的结

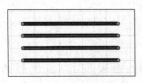

图 7-37　拖动多段线

束点具有相同坐标,用户选中那些线(可同时按住 Shift 键不放并单击),并拖动其中一根线的末端就可以同时拖动其他线,并且并行线的末端始终保持对准如图 7-37 所示。

7.2.2　移动和拖动原理图对象

在 Altium Designer 中,移动一个对象就是对它进行重定位而不影响与之相连的其他对象。例如,移动一个元器件不会移动与之连接的任何导线。但另外,拖动一个元器件则会牵动与之连接的导线,以保持连接性。如果用户需要在移动对象的时候保持导线的电气连接,需要在"优选项"对话框下的 Schematic→Graphical Editing 页面中选中"始终拖曳"(Always Drag)复选框。

1. 元器件的选择

(1) 单选。直接用鼠标左键单击即可实现单选操作。

(2) 多选。可采用以下两种方式实现。

图 7-38　选择命令菜单

① 按住 Shift 键不放,多次单击需要选中的元器件,或者在元器件范围外单击之后拖动鼠标,进行多个元器件的框选,即完成多选操作。

② 按住 S 键,弹出选择命令菜单,如图 7-38 所示,然后选择相应的命令即可。选择命令激活后,鼠标指针变成十字形状,可以进行多个元器件的多选操作。

2. 元器件的移动

(1) 移动鼠标指针到元器件上面,按下鼠标左键不放,直接拖动。

(2) 单击选中元器件,按住 M 快捷键,在弹出的菜单中选择"移动选中对象"命令,单击进行移动;选择"通过 X,Y 移动选中对象"命令,可以在 X、Y 轴上进行精准的移动,如图 7-39 所示。其他常用的移动命令释义的如下。

① 拖动:在保持元器件之间电气连接不变的情况下移动元器件的位置。

② 移动:类似于拖动,不同的是在不保持电气性能的情况下移动。

③ 拖动选择:适合多选之后进行保持电气性能的移动。

3. 元器件的旋转

为了使电气导线放置更合理或元器件排列整齐,往往需要对元器件进行旋转操作,Altium Designer 提供以下几种旋转操作的方法。

(1) 单击选中元器件,然后在拖动元器件的情况下按空格键进行旋转,每执行一次旋转一次。

(2) 单击选中元器件,按住 M 快捷键,在弹出的菜单中选择旋转命令即可,包括以下两种旋转命令。

- 旋转选中对象:逆时针旋转选中元器件,每执行一次旋转一次,和按 Space 键旋转功能一样。
- 顺时针旋转选中对象:同样可以多次执行,快捷键为 Shift+空格键。

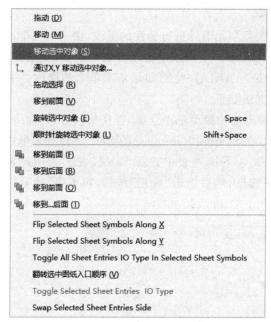

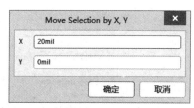

(a) 选择"移动选中对象"命令　　　　(b) Move Selection by X、Y对话框

图 7-39　元器件的移动

4. 元器件的镜像

原理图只是电气性能在图纸上的表示，可以对绘制图形进行水平或者垂直翻转而不影响电气属性。单击，并在拖动元器件的状态下按 X 键或者 Y 键，实现 X 轴镜像或者 Y 轴镜像。

7.2.3　使用复制和粘贴

在原理图编辑器中，用户可以在原理图文档中或者文档间复制和粘贴对象。例如，一个文档中的元器件可以被复制到另一个原理图文档中。用户可以复制这些对象到 Windows 剪贴板，再将其粘贴到其他文档中。文本可以从 Windows 剪贴板中粘贴到原理图文本框中。

选中需要复制的元器件，在窗口选择"编辑"→"复制"命令或者按 Ctrl＋C 组合键，完成复制操作；在窗口选择"编辑"→"粘贴"命令或者按 Ctrl＋V 组合键，完成粘贴操作。

7.3　原理图编辑的高级应用

可以通过以下方式打开对应的属性对话框来查看或者编辑对象的属性。

- 当处在放置过程并且对象浮动在光标上时，按 Tab 键可以打开属性框。
- 直接双击已放置对象可以打开对象的属性框。
- 单击以选中对象，然后在 SCH Filter 面板中可以编辑对象的属性。

7.3.1 同类型元器件属性的更改

有时原理图画好后,又需要对某些同类型元器件进行属性的更改,而一个一个地更改比较麻烦,因此 Altium Designer 提供了比较好的全局批量更改方法。例如,要把如图 7-1 所示的所有电阻的封装从 AXIAL-0.4 变为 AXIAL-0.3,如果依次单个地修改会非常麻烦,这时就可以用全局批量修改。操作方法如下。

(1) 选择并在一个电阻上右击,从弹出的快捷菜单中选择"查找相似对象"命令,弹出"查找相似对象"对话框,如图 7-40 所示,在 Symbol Reference 的 Res2 下拉列表框中选择 Same,在 Current Footprint 的 AXIAL-0.4 下拉列表中选择 Same,表示选择封装都是 AXIAL-0.4 的电阻,选中"选择匹配"复选框,然后单击"应用"按钮,再单击"确定"按钮,则如图 7-1 所示的所有电阻被选中,如图 7-41 所示。

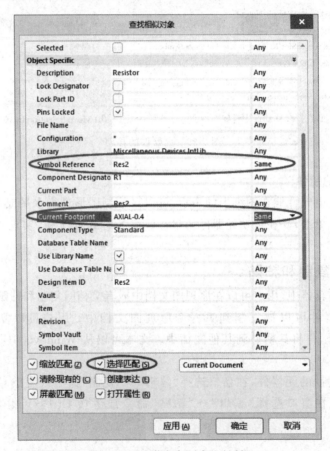

图 7-40 "查找相似对象"对话框

(2) 在弹出的如图 7-42 所示 Properties 面板上,在 Footprint 处的 AXIAL-0.4 区域单击编辑按钮 ,弹出"PCB 模型"对话框,如图 7-43 所示,将"名称"文本框内容改为 AXIAL-0.3 即可,这时在如图 7-1 所示的原理图上检查每个电阻的封装便都为 AXIAL-0.3。

封装修改完后,右击并在弹出的快捷菜单中选择"清除过滤器"命令,即可清除电阻的选中状态,恢复正常显示。

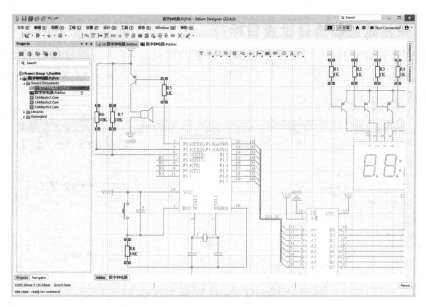

图 7-41 选择封装为 AXIAL-0.4 的电阻

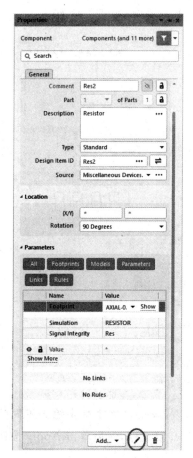

图 7-42 元器件属性面板

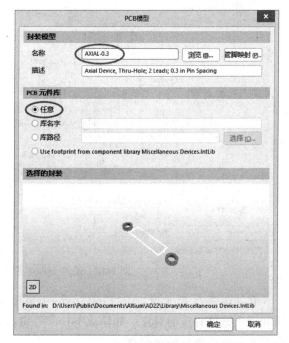

图 7-43 "PCB 模型"对话框

7.3.2   使用过滤器选择批量目标

在原理图设计过程中,可以使用过滤器批量选择对象,单击编辑窗口右下角的面板转换按钮 Panels,从弹出的菜单中选择 SCH Filter 命令,则会弹出如图 7-44 所示的 SCH Filter 对话框。

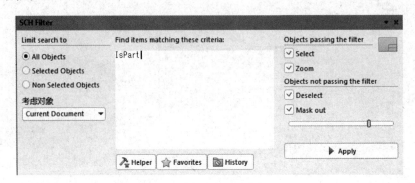

图 7-44   SCH Filter 对话框

在 SCH Filter 对话框的"Find items matching these criteria:"文本框中输入 IsPart 语句,选中 Select 复选框,单击 Apply 按钮即可以选择全部元器件,如图 7-45 所示。

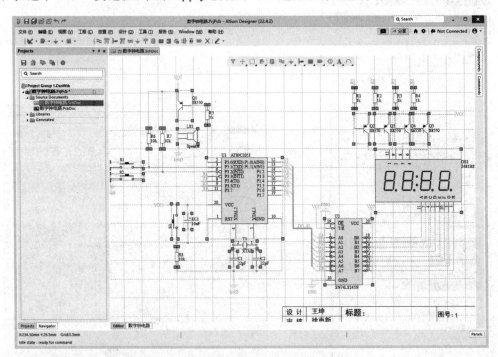

图 7-45   使用 IsPart 语句选择全部器件

在如图 7-44 所示窗口的"Find items matching these criteria:"文本框中输入不同的语句即可选择相应的对象。如输入 IsBus 语句,选中 Select 复选框,然后单击 Apply 按钮即可选择原理图中的全部总线。

本 章 小 结

本章首先介绍了数字钟电路原理图的绘制,介绍了怎样加载原理图图纸模板,怎样加载和删除原理图库文件,怎样在系统提供的库中查找需要的元器件,如何放置总线和总线引入线,以及原理图对象的编辑,同类型元器件属性的更改等。希望通过本章的学习能掌握原理图设计的技巧。

习　题　7

(1) 简述在设计电路原理图时,使用 Altium Designer 工具栏中的 ≈(Wire)与 ∕ (Line)画线的区别;原理图中连线 ≈(Wire)与总线 ⊼(Bus)的区别。

(2) 在原理图的绘制过程中,怎样加载和删除库文件? 怎样加载 Atmel 公司的 Atmel Microcontroller 32-bit ARM.IntLib 库文件?

(3) 如果要对某一类元器件修改它的属性,用什么面板最方便?

(4) ⊼ 按钮和 ⊼ 按钮的作用分别是什么?

(5) Net 和 A 按钮都可以用来放置文字,它们的作用是否相同?

(6) 在元器件属性中,Footprint、Designator 分别代表什么含义?

(7) 如果原理图中元器件的标识符(Designator)编号混乱,应该怎样操作才能让 Designator 编号有序?

(8) 绘制高输入阻抗的仪器放大器电路的电路原理图,如图 7-46 所示。

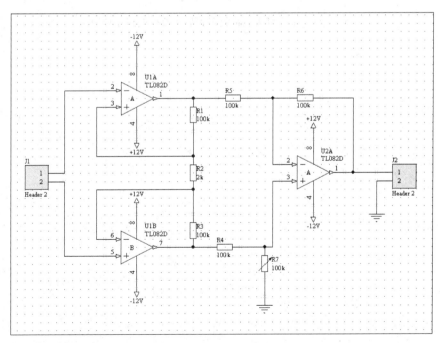

图 7-46　高输入阻抗的仪器放大器电路原理图

(9) 绘制单片机实验板数码管显示部分电路原理图,如图 7-47 所示。

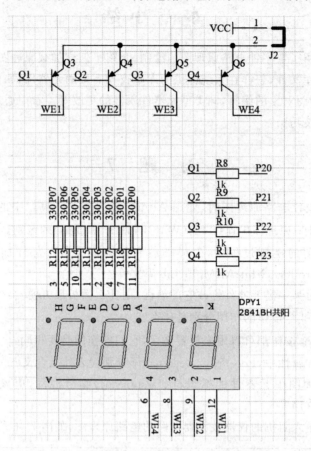

图 7-47　单片机实验板数码管显示部分电路原理图

第 8 章

PCB 的编辑环境及参数设置

任务描述

为了得到一个良好的、得心应手的 PCB 的编辑环境,提高 PCB 的设计效率,本章将介绍 PCB 的编辑环境及其参数设置。通过本章的学习,读者将能够更加快捷和高效地使用 Altium Designer 的 PCB 编辑器进行 PCB 的设计。本章包含以下内容:

- PCB 的设计环境简介;
- PCB 的编辑环境设置;
- PCB 板层介绍及设置。

8.1 Altium Designer 中的 PCB 设计环境简介

通过创建或打开 PCB 文件即可启动 PCB 设计界面。PCB 设计界面如图 8-1 所示,与原理图设计界面类似,其由主菜单、工具栏、工作区和工作区面板组成,可以通过移动、

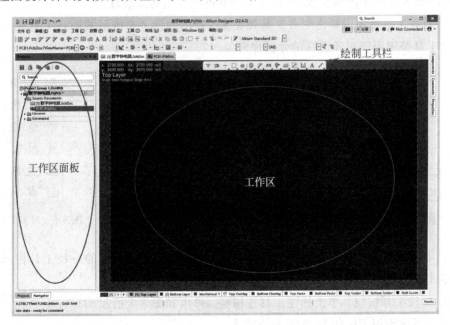

图 8-1　PCB 设计界面

固定或隐藏工作区面板来适应用户的工作环境。

1. 主菜单

PCB 设计界面中的主菜单如图 8-2 所示，该菜单中包括了与 PCB 设计有关的所有操作命令。

图 8-2　PCB 设计界面中的主菜单

2. 工具栏

常用的命令固定在工作区上的"绘制工具栏"，以方便操作。

PCB 编辑器中的工具栏由"PCB 标准"工具栏、"应用工具"工具栏、"布线"工具栏、"过滤器"工具栏和"导航"工具栏组成，这些工具栏可以通过"视图"→"工具栏"对应的下拉菜单打开或关闭。

（1）"PCB 标准"工具栏如图 8-3 所示，主要用于进行常用的文档编辑操作，其内容与原理图设计界面中"标准"工具栏完全相同，功能也完全一致，这里不做详细介绍。

图 8-3　"PCB 标准"工具栏

（2）"应用工具"工具栏如图 8-4 所示，其中的工具按钮用于在 PCB 图中绘制不具有电气意义的元器件对象。

① 绘图工具按钮。单击绘图工具按钮，弹出如图 8-5 所示的绘图工具栏，该工具栏中的工具按钮用于绘制直线、圆弧等不具有电气性质的元器件。

② 对齐工具按钮。单击对齐工具按钮，弹出如图 8-6 所示的对齐工具栏，该工具栏中的工具按钮用于对齐选择的元器件对象。

图 8-4　"应用工具"工具栏　　　图 8-5　绘图工具栏　　　图 8-6　对齐工具栏

③ 查找工具按钮。单击查找工具按钮，弹出如图 8-7 所示的查找工具栏，该工具栏中的工具按钮用于查找元器件或者元器件组。

④ 标注工具按钮。单击标注工具按钮，弹出如图 8-8 所示的标注工具栏，该工具栏中的工具按钮用于标注 PCB 图中的尺寸。

⑤ 区域工具按钮。单击分区工具按钮 ，弹出如图 8-9 所示的分区工具栏,该工具栏中的工具按钮用于在 PCB 图中绘制各种分区。

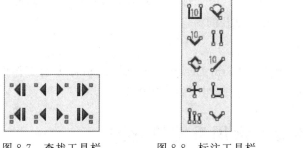

图 8-7　查找工具栏　　　图 8-8　标注工具栏　　　图 8-9　分区工具栏

⑥ 栅格工具按钮。单击栅格工具按钮 ，弹出如图 8-10 所示的下拉菜单,通过此下拉菜单中的内容可设置 PCB 图中的对齐栅格的大小。

(3)"布线"工具栏如图 8-11 所示,该工具栏中的工具按钮用于绘制具有电气意义的铜膜导线、过孔、PCB 元器件封装等元器件对象。现在 Altium Designer 新增加了两种交互式布线工具,这些工具的使用,将在接下来的项目中详细介绍。

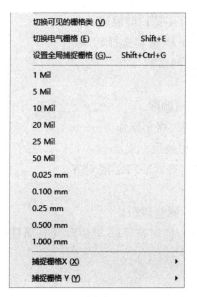

图 8-10　栅格下拉菜单

图 8-11　"布线"工具栏

(4)"过滤器"工具栏如图 8-12 所示,该工具栏用于设置屏蔽选项。在"过滤器"工具栏中的编辑框中设置屏蔽条件后,工作区将只显示满足用户设置的元器件对象,该功能为用户查看 PCB 的布线情况提供了极大的帮助,尤其是在布线较密的情况下,使用"过滤

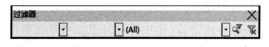

图 8-12　"过滤器"工具栏

器"工具栏能让用户更加清楚地检查某一特定的电器通路的连接情况。

3. 工作区

工作区用于显示和编辑 PCB 图文档,每个打开的文档都会在设计窗口顶部有自己的标签,右击标签可以关闭、修改或平铺打开的窗口。

4. 工作区面板

PCB 编辑器中的工作区面板与 Altium Designer 原理图编辑器中的工作面板类似,单击工作区面板图标按钮 Panels 可以打开相应的工作面板。

8.2　常用系统快捷键

Altium Designer 自带很多组合的快捷键,可以通过依次按相应的字母按键组合成需要的操作,很方便。那么组合快捷键如何得来呢? 系统的组合快捷键都是依据菜单中命令的下画线字母组合起来的,例如:对于"放置"→"走线"这个命令,组合的快捷键就是 P+T。使用这些组合快捷键有利于提高 PCB 的设计效率。

Altium Designer 推荐使用默认的快捷键,下面将其列出,相信在实际操作中会给设计者带来很大的帮助。

① L:打开层设置开关选项(在元器件移动状态下,按 L 键换层)。

② S:打开选择,如 S+L(线选)、S+I(框选)、S+E(滑动选择)。

③ J:跳转,如 J+C(跳转到元件)、J+N(跳转到网络)。

④ Q:实现英制和公制相互切换。

⑤ Delete:删除已被选择的对象;E+D 进行点选删除。

⑥ 滚动鼠标滚轮或者按 PgUp,PgDn 键进行放大、缩小操作。

⑦ 小键盘上面的"+"和"-",点选下面层选项:切换层。

⑧ A+T:顶对齐;A+L:左对齐;A+R:右对齐;A+B:底对齐。

⑨ Shift+S:切换单层显示与多层显示。

⑩ Ctrl+M:哪里需要测量就单击哪里;R+P:测量边距。

⑪ 空格键:翻转所选择的某对象(导线、过孔等),同时按 Tab 键可改变其属性(导线长度、过孔大小等)。

⑫ Shift+空格键:改走线模式。

⑬ P+S:放置字体(条形码)。

⑭ Shift+W:选择线宽。Shift+V:选择过孔。

⑮ Shift+G:走线时显示走线长度。

⑯ Shift+H:显示或关闭坐标显示信息。

⑰ Shift+M:显示或关闭放大镜。

⑱ Shift+A:局部自动走线。

以上仅列出常用的一些快捷键,其他快捷键可以参考系统帮助(在不同的界面检索出来的会不相同),选择"帮助"→"快捷键"命令即可调出来相应的帮助信息。

8.3　PCB 设置

8.3.1　PCB 板层介绍

PCB 板的编辑环境及参数设置

每个设计师都有自己的设计风格,层的设定也是在 PCB 设计中非常重要的环节。在 PCB 板的设计中一般要接触到下面 9 层。

(1) Signal layer(信号层):总共有 32 层,可以放置走线、文字、多边形(铺铜)等。常用的有两种,即 Top layer(顶层)和 Bottom Layer(底层)。

(2) Internal Plane(平面层):总共有 16 层,主要作为电源层使用,也可以把其他的网络定义到该层。平面层可以任意分块,每一块可以设定一个网络。平面层是以"负片"格式显示,比如有走线的地方表示没有铜皮。

(3) Mechanical layer(机械层):该层一般用于有关制版和装配方面的信息。

(4) Solder Mask layer(阻焊层):有顶部阻焊层(Top Solder Mask)和底部阻焊层(Bottom Solder mask)两层,它们是 Altium Designer 对应于电路板文件中的焊盘和过孔数据自动生成的板层,主要用于铺设阻焊漆(阻焊绿膜)。本板层采用负片输出,所以板层上显示的焊盘和过孔部分代表电路板上不铺阻焊漆的区域,也就是可以进行焊接的部分,其余部分铺设阻焊漆。

(5) Past Mask layer(锡膏层):有顶部锡膏层(Top Past Mask)和底部锡膏层(Bottom Past mask)两层,它是过焊炉时用来对应 SMD 元器件焊点的,是自动生成的,也是负片形式输出。

(6) Keep-out layer:这层主要用来定义 PCB 边界,例如,放置一个长方形定义边界,则信号走线不会穿越这个边界。

(7) Drill Drawing(钻孔层):该层主要为制造电路板提供钻孔信息,该层是自动计算的。

(8) Multi-Layer(多层):多层代表信号层,任何放置在多层上的元器件会自动添加到所在的信号层上,所以可以通过多层将焊盘或穿透式过孔快速地放置到所有的信号层上。

(9) Silkscreen layer(丝印层):丝印层有 Top Overlay(顶层丝印层)和 Bottom Overlay(底层丝印层)两层。它主要用来绘制元器件的轮廓,放置元器件的标号(位号)、型号或其他文本等信息,以上信息是自动在丝印层上产生的。

8.3.2　PCB 板层设置

PCB 板层在"层叠管理器"中进行设置,以下为设置板层的一般步骤。

(1) 在主菜单中选择"设计"→"层叠管理器"命令或者按 D+K 组合键,打开如图 8-13 所示的层叠管理器。

(2) 层叠管理器中显示 PCB 板的基本层面由基层-绝缘体(Dielectric)、顶层(Top Layer)、底层(Bottom Layer)、顶层阻焊层(Top Solder)、底层阻焊层(Bottom Solder)、顶层丝印层(Top Overlay)、底层丝印层(Bottom Overlay)组成。

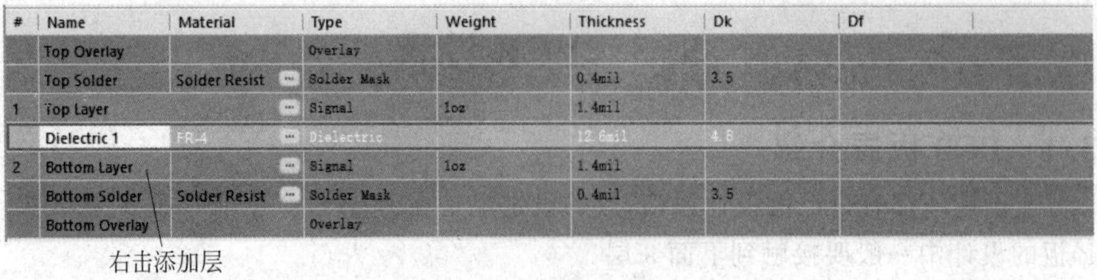

#	Name	Material	Type	Weight	Thickness	Dk	Df	
	Top Overlay		Overlay					
	Top Solder	Solder Resist	Solder Mask		0.4mil	3.5		
1	Top Layer		Signal	1oz	1.4mil			
	Dielectric 1	FR-4	Dielectric		12.6mil	4.8		
2	Bottom Layer		Signal	1oz	1.4mil			
	Bottom Solder	Solder Resist	Solder Mask		0.4mil	3.5		
	Bottom Overlay		Overlay					

右击添加层

图 8-13　层叠管理器

单击选择如图 8-13 所示的 Top Layer 或 Bottom Layer 那一行的信息,可以修改板层的名字及铜箔的厚度(最好用户不要修改)。

(3) 层的添加及编辑。在如图 8-13 所示的位置上右击,弹出的快捷菜单如图 8-14 所示,选择 Insert layer above 或 Insert layer below 命令,可以进行添加层操作,可添加正片或负片;选择 Move Layer up 或 Move Layer down 命令,可以对添加的层顺序进行调整。

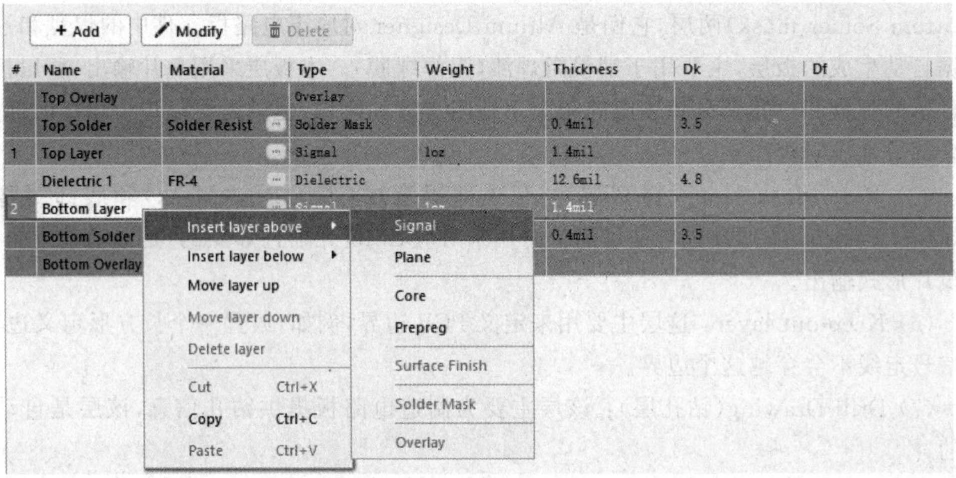

图 8-14　添加一个信号层

8.3.3　PCB 板层及颜色设置

为了区别各 PCB 板层,在 Altium Designer 中使用不同的颜色绘制不同的 PCB 板层,用户可根据喜好调整各层对象的显示颜色。

在工作区界面左下角,单击红色的按钮,如图 8-15 所示,打开如图 8-16 所示的 View Configuration 对话框,单击选中 Layers & Colors 选项卡。

(1) 在 Layers & Colors(层和颜色)选项卡中共有 4 个选项区用于设置工作区中显示的层及其颜色。在每个区域中有一个展示的眼睛状图标 ◉ ,若该图标有效,PCB 工作区下方将显示该层的标签,否则不显示该层的标签。

单击对应的层名称"颜色"方块,打开"2D 系统颜色"对话框,在该对话框中可设置所选择的电路层的颜色(建议用户采用默认值)。

(2) View Options(视图选项)选项卡。View Options 选项卡界面如图 8-17 所示,该

图 8-15　层及颜色控制按钮

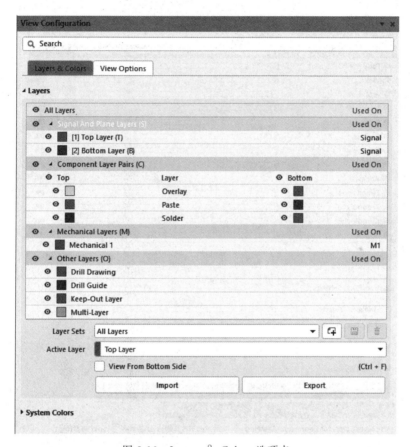

图 8-16　Layers & Colors 选项卡

选项卡用于设定各类元器件对象显示模式。

① Name(名字)列的眼睛状图标 ◎ 。表示以完整型模式显示对象,其中每一个图素都是实心显示。

② Draft(草图)列的复选框。该列的复选框被选中表示以草稿型模式显示对象,其中每一个图素都是以草图轮廓形式显示。

③ "透明度"(Transparency)区域。拖动该区域的滑块,可以设置所选择对象/层的透明化程度。

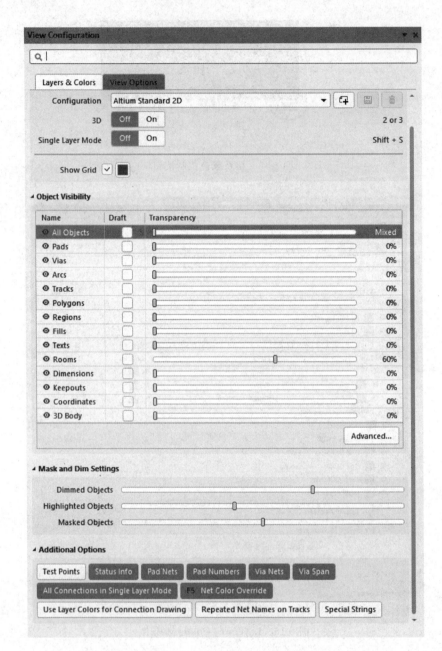

图 8-17 View Options 选项卡

本 章 小 结

本章介绍了 PCB 的编辑环境设置及 PCB 的板层设置,通过该章的学习,希望用户能熟练掌握 PCB 操作界面的设置,为 PCB 设计做好准备。

习　题　8

（1）Altium Designer PCB 编辑器中的常用工具栏有哪些？各种工具栏的主要用途是什么？

（2）在 PCB 编辑环境设置中，如何设置大十字形光标、小十字形光标、小 45°表示×形的光标。

（3）在 PCB 编辑过程中，为了单层显示 PCB 的板层，该怎样操作。

第 9 章

数字钟电路的 PCB 设计

任务描述

第 7 章完成了数字钟电路的原理图绘制,本章将完成数字钟电路的 PCB 设计。在该 PCB 中,调用第 5 章建立的封装库内的两个器件,即 DIP20(AT89C2051 单片机的封装)和 2481BS(数码管的封装)。通过该 PCB 图验证建立的封装库内的两个器件的正确性,并进行新知识的介绍。本章包含以下内容:

数字钟电路
的 PCB 设计

- 设置 PCB;
- 创建 PCB 的集成库;
- 设计规则介绍;
- 自动布线的多种方法。

9.1　创建 PCB

打开"数字钟电路. PrjPcb"的工程文档,"数字钟电路. SchDoc"的原理图文档自动打开。在编辑窗口中选择"文件"→"新的"→PCB 命令,新建一个 PCB 文档,将新建的 PCB 文档保存为"数字钟电路. PcbDoc"文件。

9.2　PCB 布局

9.2.1　更新 PCB 文件(同步原理图数据)

(1)在原理图编辑器下,用封装管理器检查每个元器件的封装是否正确(3.3 节中已介绍)。打开封装管理器("工具"→"封装管理器"),元器件的封装检查完后,执行下面的操作。

(2)选择"工程"→"Validate PCB Project 数字钟电路. PrjPcb"命令,检查原理图有错否? 没有错,执行以下操作。

(3)在主菜单中选择"设计"→"Update PCB Document 数字钟电路. PcbDoc"命令,打开如图 9-1 所示的"工程变更指令"对话框。

(4)取消选中"工程变更指令"对话框中最下面的"Room 数字钟电路"复选框,如图 9-2 所示。单击"验证变更"按钮验证一下有无不妥之处,再单击"执行变更"按钮,应用

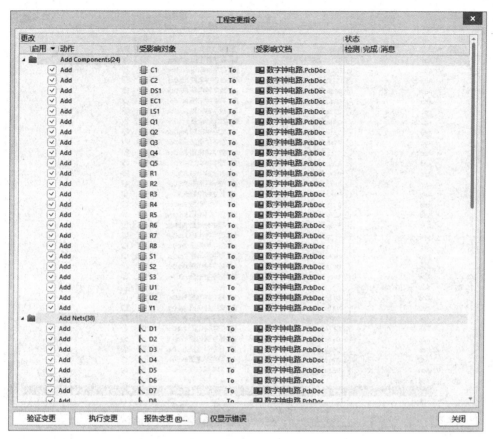

图 9-1　"工程变更指令"对话框

所有已选择的更新。"工程变更指令"对话框内列表中的"状态"下的"检测"和"完成"列将显示"验证变更"和"执行变更"后的结果，如果执行过程中出现问题将会显示 ⊗ 符号，若执行成功则会显示 ✓ 符号。如有错误则检查错误，然后从步骤(2)开始重新执行，若没有错误后，应用更新后的"工程变更指令"对话框如图 9-2 所示。

（5）单击"关闭"按钮，关闭该对话框。至此，原理图中的元器件和连接关系就导入到 PCB 中了。

导入原理图信息的 PCB 文件的工作区如图 9-3 所示，此时 PCB 文件的内容与原理图文件"数字钟电路.SchDoc"就完全一致了，完成了原理图信息更新到 PCB 的操作。

9.2.2　模块化布局

（1）在对 PCB 元器件布局时经常会考虑。

- PCB 板型与整机是否匹配？
- 元器件之间的间距是否合理？有无水平上或高度上的冲突？
- PCB 是否需要拼板？是否预留工艺边？是否预留安装孔？如何排列定位孔？
- 如何进行电源模块的放置与散热？
- 需要经常更换的元器件放置位置是否方便替换？可调元器件是否方便调节？

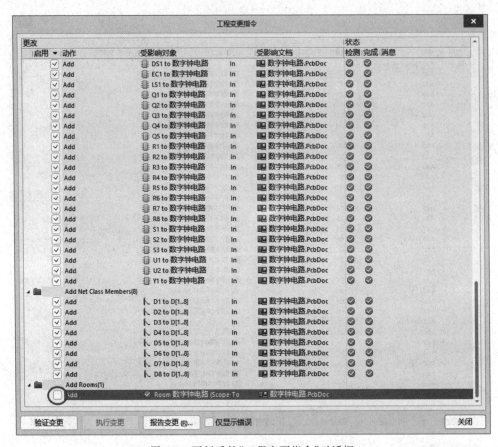

图 9-2　更新后的"工程变更指令"对话框

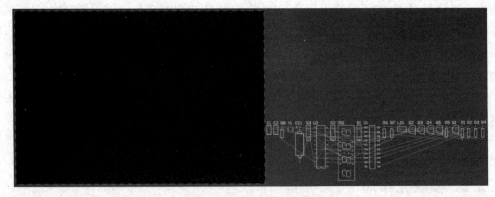

图 9-3　PCB 工作区内容

- 热敏元器件与发热元器件之间是否考虑距离？

（2）模块化布局。这里介绍一个元件排列的功能，即在进行矩形区域排列时，可以在布局初期结合元器件的交互，方便地把一堆杂乱的元器件按模块分开并摆放在一定的区域内。

① 在原理图上选择其中一个模块的所有元器件，这时 PCB 上与原理图相对应的元

器件都被选中。

②选择"工具"→"元器件摆放"→"在矩形区域排列"命令。

③在 PCB 上某个空白区域框选一个范围,这时这个功能模块的元器件都会排列到这个框选的范围内,如图 9-4 所示。利用这个功能,可以把原理图上所有的功能模块进行快速的分块。

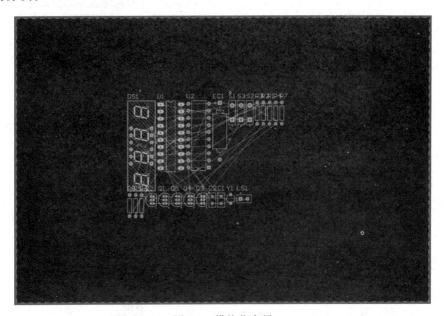

图 9-4　模块化布局

9.2.3　建立集成库

如图 9-4 所示,有些元器件的封装与实际元器件不吻合,如电解电容 EC1 的封装不合适,需要修改封装。修改封装的方法之一是建立该数字钟电路原理图中元器件的集成库,然后把集成库解包,在 PCB 库内修改封装。

1. 修改封装

既可以在原理图编辑器内产生原理图库与集成库,也可以在 PCB 编辑器内产生 PCB 库与集成库。在此,用户在 PCB 编辑器内产生集成库,选择"设计"→"生成集成库"命令,产生集成库,可以在库面板及 Projects 面板查看"数字钟电路.IntLib"集成库,如图 9-5 所示。产生的集成库文件存放在"数字钟电路"的文件夹内。

在 Projects 面板内,双击"数字钟电路.IntLib",可以把该集成库解包,如图 9-5(a)所示。双击"数字钟电路.PcbLib"库,即可以用第 5 章介绍的方法修改电解电容等元器件的封装,如图 9-6 所示。

根据实际元器件尺寸,修改电解电容 POLAR0.8 的封装,将该元器件 2 焊盘的距离修改为 110mil,焊盘的外径为 60mil,焊盘孔的尺寸为 30mil,丝印层的圆弧的半径为120mil。添加 3D 模型,选择"放置"→"3D 元器件体"命令,选 Cylinder(圆柱体),对于圆柱体的尺寸,设置为 Height:12mm;Radius:2.5mm;Standoff Height:1mm;颜色:深

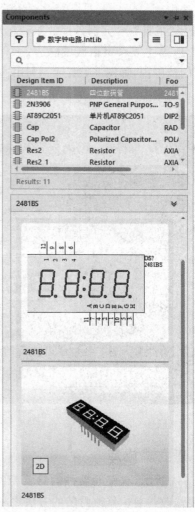

(a) Projects面板　　　　(b) Components板

图 9-5　产生的集成库

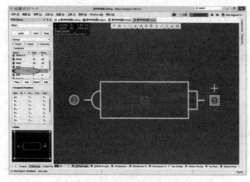

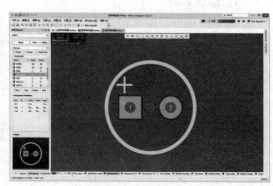

(a) 电解电容修改前的封装　　　　(b) 电解电容修改后的封装

图 9-6　电解电容修改前后的封装

灰。对于引脚尺寸，将第 1 脚设置为 Height：9mm；Radius：0.5mm；Standoff Height：
−8mm。对第 2 脚设置 Height：8mm；Radius：0.5mm；Standoff Height：−7mm。

修改晶振 R38 封装，2 焊盘的距离修改为 200mil，在 Top Overlay 层绘制外框，2 个
半圆弧的半径 2.5mm。绘制 3D 模型，选择"工具"→Manage 3D Bodies for Current
Component 命令，弹出如图 9-7 所示对话框，设置避开高度：0.5mm；全部高度：1mm；
颜色：白色。对于引脚尺寸，设置为 Height：8mm；Radius：0.35mm；Standoff Height：
−7mm。晶振最上面的 3D 体由二个圆柱体和一个长方体构成，尺寸如图 9-7 所示。绘制
好的晶振 3D 模型如图 9-8 所示。

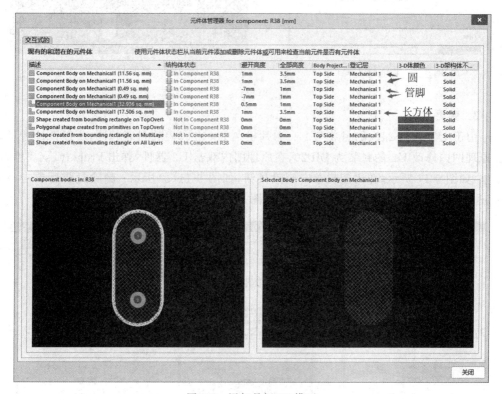

图 9-7　添加晶振 3D 模型

电位器、蜂鸣器的封装从立创 EDA 上查找（第 12 章进行介
绍）到后复制到数字钟电路的 PCB 库内，把名字改为现在的封装
名即可。

2. 把修改好的封装更新到 PCB

在 PCB Library 库面板内选择并在修改好的某个封装上右击
弹出快捷菜单，如图 9-9 所示。如果要把所有修改的封装都更新
到 PCB 上，选择 Update PCB With All 命令，弹出对话框，选择默
认的参数，单击"确定"按钮，所有修改的元器件封装将更新到

图 9-8　晶振 3D 模型

PCB 上，如图 9-10 所示。如果只更新当前修改的封装到 PCB 上，在快捷菜单中选择
"Update PCB With 封装名"命令即可。

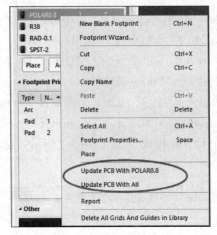

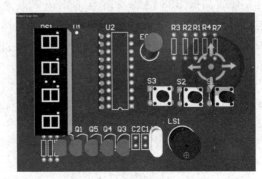

图 9-9　更新下拉菜单　　　　　　　　　　图 9-10　修改封装后的 PCB

3. 变更封装

由于 U2(74LS245)的封装与 U1(单片机 AT89C2051)的封装相同,所以设计者可以在原理图内修改 U2 的封装为 DIP20,在原理图内双击 U2 器件,弹出 Properties(属性)对话框,如图 9-11 所示,在封装栏单击删除按钮,如图 9-11(a)所示;删除封装后单击 Add按钮,如图 9-11(b)所示;添加好的封装如图 9-11(c)所示。

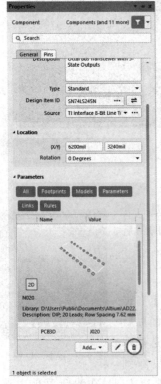

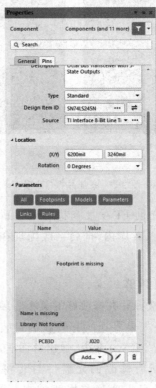

(a) 删除封装　　　　　　　　(b) 添加封装　　　　　　　　(c) 封装添加成功

图 9-11　修改封装

封装修改完毕,保存原理图,选择"设计"→"Update PCB Document 数字钟电路.PcbDoc"命令将修改的封装信息更新到 PCB 内。

9.2.4　交互式布局

1. 布局常见的基本原则

(1) 先放置与结构相关的固定位置的元器件,根据结构图设置板框尺寸,按结构要求放置安装孔、接插件等需要定位的元器件,并将这些元器件锁定。

(2) 明确结构要求,注意针对某些器件或区域的禁止布线区域、禁止布局区域及限制高度的区域。

(3) 元器件放置要考虑到便于调试和维修,小元器件周围不能放置大元器件,需调试的元器件周围要有足够的空间,需拔插的接口、排针等元器件应靠板边摆放。

(4) 结构确定后,根据周边接口的元器件及其出线方向,判断主控芯片的位置及方向。

(5) 先大后小、先难后易原则。重要的单元电路、核心元器件应当优先布局,元器件较多、较大的电路优先布局。

(6) 尽量保证各个模块电路的连线尽可能短,关键信号线最短。

(7) 高压大电流与低压小电流的信号完全分开;模拟信号与数字信号分开;高频信号与低频信号分开。

(8) 同类型插装元器件或有极性的元器件,在 X 或 Y 方向上应尽量朝一个方向放置,便于生产。

(9) 相同结构电路部分,尽可能采用"对称式"标准布局,即电路中元器件的放置保持一致。

(10) 电源部分尽量靠近负载摆放,注意输入/输出电路。

2. 元器件的对齐

Altium Designer 22 提供了非常方便的对齐功能,可以对元件实行左对齐、右对齐、顶对齐、底对齐、水平等间距、垂直等间距等操作。

元器件对齐方法有如下。

(1) 选中需要对齐的对象,直接按 A 键,然后执行相应的对齐命令,如图 9-12 所示。

(2) 选中需要对齐的对象,然后单击工具栏中的"排列工具"按钮 ▤ ▾,在下拉列表中单击相应的对齐工具按钮,如图 9-13 所示。

3. 元件的换层

Altium Designer 22 默认的元器件层是 Top Layer 和 Bottom Layer,用户可根据板子元器件密度、尺寸大小和设计要求判断是否进行双面布局。将原理图导入 PCB 后,元器件默认放在 Top Layer,

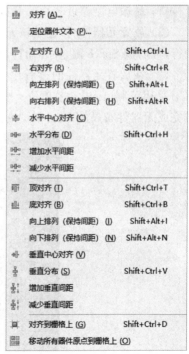

图 9-12　对齐功能

若想切换放到 Bottom Layer,最便捷的方式是在拖动元器件的过程中按 L 键。

当然,也可以双击元器件,在对应属性面板中设置层,如图 9-14 所示。

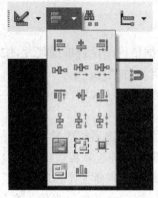

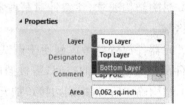

图 9-13 "排列工具"下拉列表   图 9-14 层的切换

4. 数字钟电路的 PCB 布局

掌握了以上的布局规则后,对于数字钟电路的 PCB 设计,由于元器件比较少,采用交互式布局比较方便。交互式布局实现了原理图和 PCB 之间的两两交互(已在 3.5.1 小节介绍),把原理图与 PCB 编辑器都打开,参考原理图的位置布局 PCB。调整元器件位置时,最好将光标设置成大光标,即右击弹出快捷菜单,选择"优先选项"命令,弹出"优选项"对话框,在光标类型处选择 Large 90。

(1) 晶振电路靠近芯片的晶振管脚摆放,保持走线越短越好。

(2) 放置元器件时,遵循该元器件对于其他元器件连线距离最短,交叉线最少的原则进行,可以按 Space 键,让元器件旋转到最佳位置,再放开鼠标左键。

(3) 在放置元器件的过程中,为了让元器件精确放置在希望的位置,按 Q 键,设置 PCB 采用英制(Imperial)单位;按 G 键,设置 Grid 为 5mil,以方便元器件摆放整齐。初步完成元器件布局的 PCB 如图 9-15 所示。

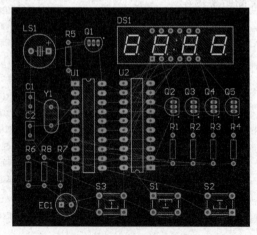

图 9-15 初步布局的 PCB

9.3　PCB 布线

9.3.1　自动布线

1. 网络自动布线

在主菜单中选择"布线"→"自动布线"→"网络"命令,光标变成十字形状,选中需要布线的网络即完成所选网络的布线,继续选择需要布线的其他网络,可完成相应网络的布线,右击或按 Esc 键退出该模式。

布电源线 VCC 的电路如图 9-16 所示。

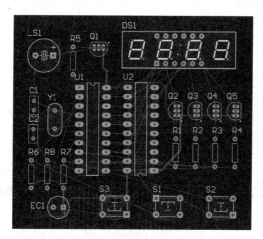

图 9-16　布电源线 VCC 的 PCB

2. 单根布线

在主菜单中选择"布线"→"自动布线"→"连接"命令,光标变成十字形状,选中某根线,即对选中的连线进行布线,继续选择下一根线,则对选中的线自动布线,要退出该模式,右击或按 Esc 键。"连接"与"网络"的区别在于前者是单根线,而后者是多根线。

3. 区域布线

选择"布线"→"自动布线"→"区域"命令,则对选中的区域进行自动布线。

4. 元器件布线

选择"布线"→"自动布线"→"元件"命令,光标变成十字形状,选中某个元器件,即对该元器件管脚上所有连线自动布线;继续选择下一个元器件,即对选中的元器件布线。右击或按 Esc 键退出该模式。

5. 选中元器件布线

先选中一个或多个元器件,选择"布线"→"自动布线"→"选中对象的连接"命令,则对选中的元器件进行布线。

6. 选中元器件之间布线

先选中一个或多个元器件,选择"布线"→"自动布线"→"选择对象之间的连接"命令,则在选中的元器件之间进行布线,布线不会延伸到选中元器件的外面。

7. 自动布线

在主菜单中选择"布线"→"自动布线"→"全部"命令,打开如图 9-17 所示的"Situs 布线策略"对话框。

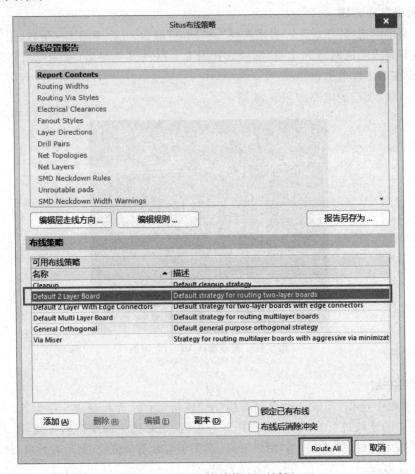

图 9-17　"Situs 布线策略"对话框

在"Situs 布线策略"对话框内的"可用布线策略"列表中选择 Default 2 Layer Board 项,单击 Route All 按钮,启动 Situs 自动布线器。

自动布线结束后,系统弹出 Message 工作面板,显示自动布线过程中的信息,如图 9-18 所示。

本例,先布电源线 VCC,然后再自动布线后的 PCB 如图 9-19 所示。

9.3.2　调整布局、布线

如果用户觉得自动布线的效果不令人满意,可以重新调整元件的布局。为了仔细看清楚 PCB 上的布线,可以按 Shift＋S 组合键,单层显示 PCB 上的布线,如果布线结果不满意,可以重新布线。

如果想重新布线,先要撤销所有的布线,有以下 4 种方法: ①选择主菜单"布线"→"取

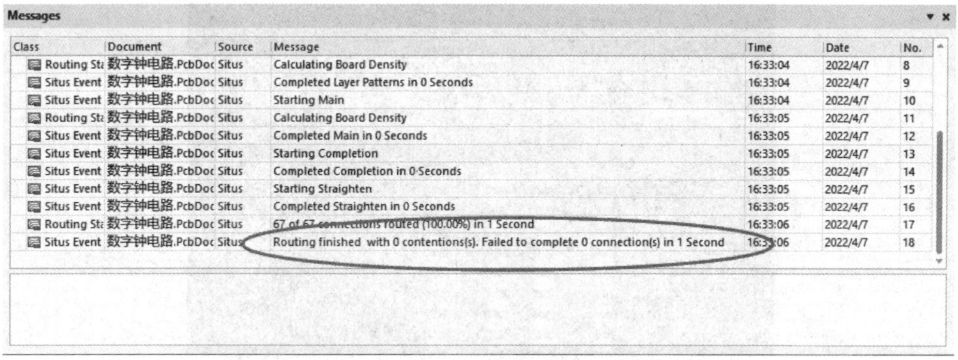

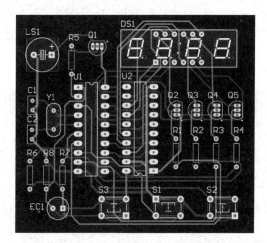

图 9-18　Messages 工作面板

图 9-19　自动布线生成的 PCB

消布线"→"全部"命令,把所有已布的线路撤销,使其变成了飞线;②如果选择"布线"→"取消布线"→"网络"命令,就可单击选中需要撤销的网络,选中的网络就变成飞线;③如果选择"布线"→"取消布线"→"连接"命令,就可以撤销选中的连线;④如果选择"布线"→"取消布线"→"器件"命令,单击元器件,相应元器件上的线就全部变为飞线。

现在选择"布线"→"取消布线"→"全部"命令,撤销所有已布的线。根据刚才 PCB 单层显示时,发现那些元器件布局不合理,调整元器件布局,重新自动布线,布线后的 PCB 如图 9-20 所示。

从操作过程可以看出,PCB 的布局对自动布线的影响很大,所以用户在设计 PCB 时一定要把元器件的布局设置合理,这样自动布线的效果才理想。

调整布线是在自动布线的基础上完成的,按 Shift＋S 组合键,单层显示 PCB 上的布线,如图 9-21 所示。从该图看出用圆圈圈出部分之间的连线不是很好,如图 9-22(a)所示。选择"放置"→"走线"命令重新绘线后的效果如图 9-22(b)所示。

将 PCB 上所有不合理的走线全部调整好,单击保存工具按钮 ,保存 PCB 文件。

观察自动布线的结果可知,对于比较简单的电路,当元器件布局合理且布线规则设置完善时,Altium Designer 中的 Situs 布线器的布线效果相当令人满意。

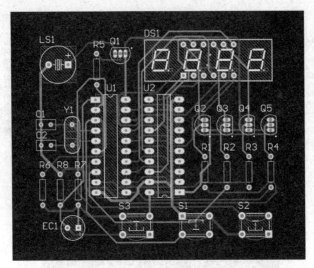

图 9-20　重新调整布局布线后的 PCB

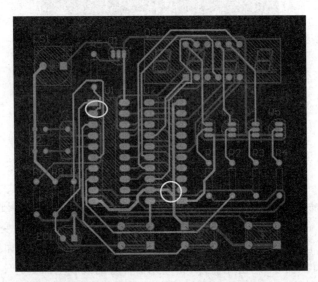

图 9-21　单层显示 PCB 的顶层(Top Layer)

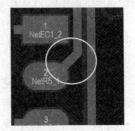

(a) 改动前的布线　　　　　　(b) 手动改动后的布线

图 9-22　布线手动调整前后的对比

9.3.3　验证 PCB 设计

（1）在主菜单中选择"工具"→"设计规则检查"命令，打开如图 9-23 所示的"设计规则检查器"对话框。

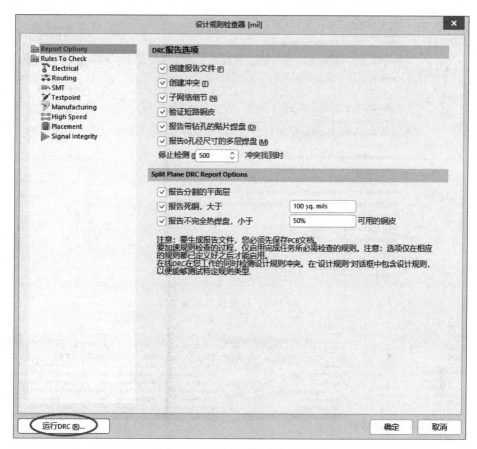

图 9-23　"设计规则检查器"对话框

（2）单击"运行 DRC"按钮，启动设计规则检查。

设计规则检查结束后，系统自动生成如图 9-24 所示的检查报告文件。

从错误报告看出有 3 个地方出错。

① 第一处错误：Minimum Solder Mask Sliver(Gap＝10mil)(All),(All)

② 第二处错误：Silk To Solder Mask(Clearance＝10mil)(IsPad),(All)

这两处错误属于设置的规则较严所导致的问题，可以不进行该两项检查，更改相应设置规则的方法，即从菜单选择"设计"→"规则"命令打开"PCB 规则及约束编辑器"对话框，如图 9-25 所示，单击选择 Manufacturing 类将在对话框的右边显示所有制造规则，找到名称为 Minimum Solder Mask Sliver 和 Silk To Solder Mask Clearance 两行，把"使能的"栏的复选框取消选中即可，表示关闭这两个规则，不进行该两项的规则检查。

③ 第三处错误：Silk to Silk (Clearance＝10mil)(All)

（All)问题，单击该处链接，链接到具体出错的位置，如图 9-26 所示。

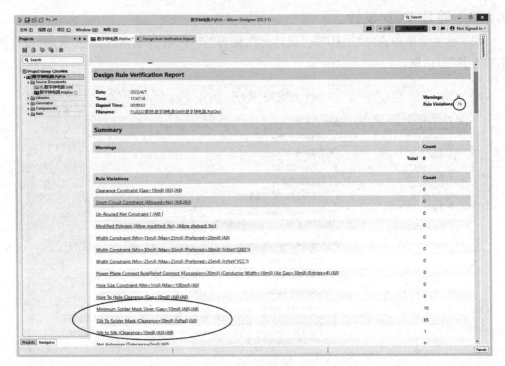

图 9-24　检查报告页面

图 9-25　"PCB 规则及约束编辑器"对话框

Back to top

Silk to Silk (Clearance=10mil) (All),(All)

Silk To Silk Clearance Constraint: (4.147mil < 10mil) Between Arc (2670mil,2615mil) on Top Overlay And Text "+" (2760mil,2585mil) on Top Overlay Silk Text to Silk Clearance [4.147mil]

图 9-26　Silk To Silk Clearance(丝印到丝印间距)

　　可见,在 Top Overlay 层(顶层丝印层),电解电容(位号 EC1)的"十"号与圆弧的距离为 4.147mil＜10mil(规则)。如果允许这样,修改设计规则,把 Silk To Silk Clearance(丝印到丝印间距)修改为 3mil,如图 9-27 所示。

　　再重新进行设计规则检查,就没有这三个错误了,如图 9-28 所示。

　　在此 PCB 系统布线成功。在下一章将介绍 PCB 设计的一些技巧。

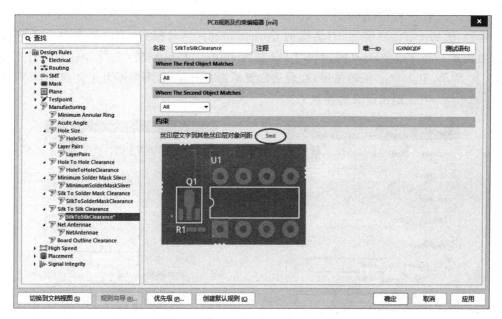

图 9-27 修改丝印到丝印间距为 3mil

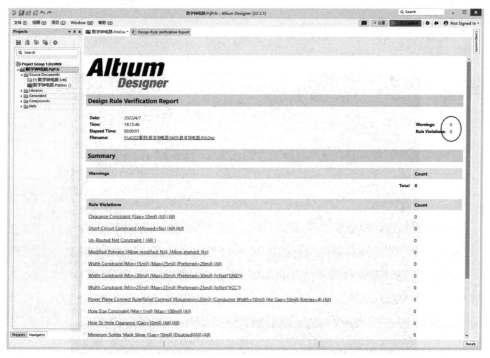

图 9-28 设计规则检查信息

9.3.4 PCB 板框绘制

（1）在 PCB 编辑器中选择“放置”→“矩形”命令，按 Tab 键弹出 Properties（属性）对话框，如图 9-29 所示。在 Corner Mode（倒角模式）下拉列表中有 3 个选项，分别是 Fillet

(圆角矩形)、Rectangle(直角矩形)、Chamfer(去角矩形)。

（2）在 Properties(属性)对话框的 Corner Mode(倒角模式)下拉列表中选择 Fillet(圆角矩形)，将 Fillet Size(圆角尺寸)设置为 100mil，Layer(层)选择 Mechancial 1，如图 9-30 所示，定义 PCB 板的边界，在合适位置单击左上角、右下角即可定义 PCB 边界，如图 9-31 所示，右击退出定义边界状态。

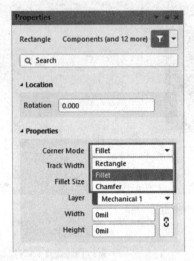

图 9-29　矩形角度倒角模式

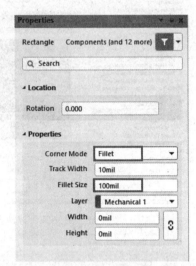

图 9-30　圆角矩形

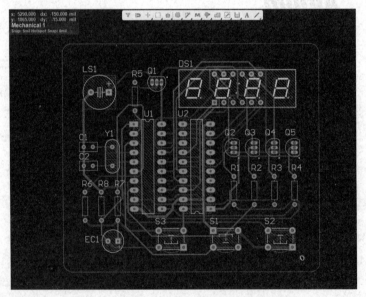

图 9-31　在 Mechancial 1 定义 PCB 板的边界

（3）选择 Mechancial 1 层，一定要选中绘制的 PCB 矩形框，在主菜单中选择"设计"→"板子形状"→"按照选定对象定义"命令，即重新定义 PCB 的形状为圆角矩形，如图 9-32 所示。至此，PCB 的板框设置完毕。

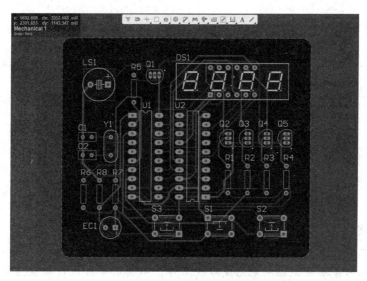

图 9-32 PCB 板框设置完毕

本 章 小 结

本章介绍了在工程中新建 PCB,元器件的模块化布局与手动布局,设计规则简介,自动布线,调整布局与布线,以及 PCB 板框绘制等内容。PCB 布局合理是 PCB 设计成功的关键所在,因此注意一定要把 PCB 的布局设计合理。

习 题 9

(1) 设计规则检查(DRC)工具其作用是什么?

(2) 在 PCB 的设计过程中,是否随时在进行 DRC 检查?

(3) 设计规则总共有多少个类? 具体有哪些?

(4) 在设计 PCB 时,自动布线前,是否必须把设计规则设置好?

(5) 自动布线的方式有几种?

(6) 请完成第 7 章绘制的“高输入阻抗仪器放大器电路的电路原理图”的 PCB 设计。PCB 板的尺寸根据所选元器件的封装自己决定,要求用双面板完成,电源线的宽度设置为 18mil,GND 线的宽度设置为 28mil,其他线宽设置为 13mil,元器件布局要合理,设计的 PCB 要适用。

(7) 请完成第 7 章绘制的“单片机实验板数码管显示部分电路原理图”的 PCB 设计,具体要求同第(6)题。

第 **10** 章

PCB 设计后期处理

任务描述

在完成元器件布局后,PCB 设计最重要的环节就是布线。Altium Designer 直观的交互式布线功能可帮助用户精确地完成布线工作。印制电路板设计被认为是一种"艺术工作",一个出色的 PCB 设计具有艺术元素。布线良好的电路板上具备元器件引脚间整洁流畅的走线、有序活泼地绕过障碍元器件和跨越板层。完成一个优秀的布线要求用户具有良好的三维空间处理技巧、连贯和系统的走线处理以及对布线和质量的感知能力。本章在第 9 章设计的数字钟电路的 PCB 板基础上进行优化,主要包含以下内容:

**交互式布线
及 PCB 设计
后期处理**

- 交互式布线(扫描对应二维码学习);
- PCB 设计后期处理;
- PCB 的三维视图。

10.1   PCB 设计后期处理概述

在掌握了各种布线方式后,可以对上一项目设计的 PCB 进行优化。在此将接地线(GND)的宽度设为 25mil,电源线(VCC)的宽度设为 20mil,其他线的宽度设为最小值(Min Width)10mil、首选宽度(Preferred Width)15mil、最大值(Max Width)20mil。重新布局、布线后的 PCB 板如图 10-1 所示。在 PCB 编辑器中,按 Q 键将单位设置为公制。

10.1.1   设置坐标原点

在 PCB 编辑器中,系统提供了一套坐标系,其坐标原点称为绝对原点,位于图纸的最左下角。但在编辑 PCB 时,往往根据需要在方便的地方设计 PCB,所以 PCB 的左下角往往不是绝对坐标原点。

Altium Designer 提供了设置原点的工具,用户可以利用它设定自己的坐标系,方法如下。

(1)单击"应用程序"工具栏中的绘图工具按钮,在弹出的工具栏中选择坐标原点标注工具按钮,或者在主菜单中选择"编辑"→"原点"→"设置"命令。

(2)此时鼠标箭头变为十字形状,在图纸中移动十字形光标到适当的位置,单击即可将该点设置为用户坐标系的原点,此时再移动鼠标就可以从状态栏中了解到新的坐标值。

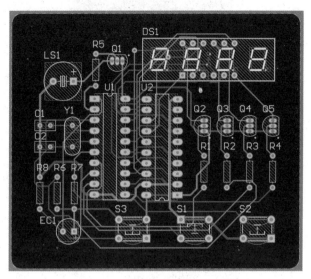

图 10-1　重新布局、布线后的 PCB

（3）如果需要恢复原来的坐标系，只要选择"编辑"→"原点"→"复位"命令即可。

10.1.2　放置尺寸标注

在设计印制电路板时，为了使用户或生产者更方便地知晓 PCB 尺寸及相关信息，常常需要提供尺寸的标注。一般来说，尺寸标注通常是放置在某个机械层，用户可以从 16 个机械层中指定一个层来做尺寸标注层。一般把尺寸标注放置在 Mechanical 1（机械 1 层）。根据标注对象的不同，尺寸标注有十多种，在此介绍常用的几种，其他用户可以根据需要自学。

1. 直线尺寸标注

对直线距离尺寸进行标注，可进行以下操作。

（1）单击"绘制工具栏"中的直线尺寸工具按钮，或者选择"放置"→"尺寸"→"线性尺寸"命令。

（2）按 Tab 键，打开如图 10-2 所示的线性尺寸（Linear Dimension）Properties 对话框。该对话框用于设置直线标注的属性，其中的选项功能如下。

① Style(样式)选项区。

Width：尺寸线宽度。

② Extension Line(延长线)选项区。

* Line Width：延长线宽度。
* Line Gap：延长线间隙。
* Line Offset：延长线偏移。
* Text Gap：文本间隙。

③ Arrow Style(箭头样式)选项区。

* Arrow Size(箭头大小)：文本框用来设置箭头长度(斜线)。
* Arrow Length(箭头长度)：文本框用来设置箭头线长度。

图 10-2　线性尺寸 Properties 对话框

④ Properties(属性)选项区。

- Layer(层)：下拉列表用来设置当前尺寸文本所放置的 PCB 层。
- Text Position(文本位置)：下拉列表用来设置当前尺寸文本的放置位置。
- Arrow Position(箭头位置)：下拉列表用来设置箭头的放置位置。
- Text Height(文本高度)：文本框用来设置文本字体高度。
- Rotation(旋转)：文本框用来设置文本旋转角度。

⑤ Font Type(字体)选项区。

选择当前尺寸文本所使用的字体。

⑥ Units(单位)编辑区。

- Primary Units(首选单位)：下拉列表用来设置当前尺寸采用的单位。可以在下拉列表中选择放置尺寸的单位,系统提供了 mils、millimeters、Inches、Centimeters 和 Automatic 共五个选项,其中 Automatic 项表示使用系统定义的单位。
- Value Precision(精确度)：下拉列表用来设置当前尺寸标注精度。下拉列表中的数值表示小数点后面的位数。默认标注精度是 2,一般标注精度最大是 6,角度标注精度最大为 5。

⑦ Value(值)编辑区。

- Format(格式)：下拉列表用来设置当前尺寸文本的放置风格。在下拉列表中尺寸文本放置的风格共有 4 个选项:a. None 选项表示不显示尺寸文本;b. 0.00 选项表示只显示尺寸,不显示单位;c. 0.00mm 选项表示同时显示尺寸和单位;d. 0.00(mm)选项表示显示尺寸和单位,并将单位用括号括起来。
- Prefix(前缀)：文本框用来设置尺寸标注时添加的前缀。
- Suffix(后缀)：文本框用来设置尺寸标注时添加的后缀。
- Sample：文本框用来显示用户设置的尺寸标注风格示例。

(3) 在线性尺寸(Linear Dimension)Properties 对话框中设置标注的属性。Layer 表示放置的层,选择 Mechanical 1 层;Format 表示显示的格式,如××、××mm[常用]、××(mm)等;Primary Units 表示显示的单位,如 mil、mm[常用]、inch 等;Value Precision 表示显示的小数位的个数。

(4) 移动光标至工作区单击需要标注距离的一端,确定一个标注箭头位置。

(5) 移动光标至工作区单击需要标注距离的另一端,确定另一个标注箭头位置,再单击即可放置标注,如果需要垂直标注,可按空格键旋转标注的方向。

(6) 重复步骤(4)、步骤(5)继续标注其他的水平和垂直距离尺寸。

(7) 标注结束后,右击或者按 Esc 键,结束直线尺寸标注操作。

2. 标准标注

标准标注功能用于任意倾斜角度的直线距离标注,可进行以下操作设置标准标注。

(1) 单击"应用程序"工具栏中的尺寸工具按钮,在弹出的工具栏中选择标准直线尺寸工具按钮,或者选择"放置"→"尺寸"→"尺寸"命令。

(2) 按 Tab 键,打开如图 10-3 所示的尺寸

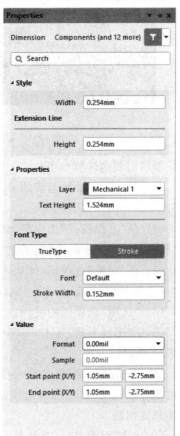

图 10-3 尺寸 Properties 对话框

(Dimension)Properties 对话框。

该对话框用于设置标准标注的属性。Value(值)选项区中的 Start point(X/Y)开始点和 End point(X/Y)结尾点中的 X、Y 文本框用于设置标注起始点和终点的坐标。对话框中其他的选项功能与"直线尺寸"Properties 对话框中的对应选项功能相同。可参考对线性尺寸 Properties 对话框中选项的描述。

(3) 在尺寸 Properties 对话框中设置标准标注的属性。Layer 为放置的层,Format 为显示的格式。

(4) 移动光标至工作区到需要标注的距离的一端,单击以确定一个标注箭头位置。

(5) 移动光标至工作区到需要标注的距离的另一端,单击以确定标注另一端箭头的位置,系统会自动调整标注的箭头方向。

(6) 重复步骤(4)、步骤(5)继续标注其他的直线距离尺寸。

(7) 标注结束后,右击或者按 Esc 键,结束尺寸标注操作。

10.1.3　泪滴的添加与删除

如图 10-4 所示,在导线与焊盘或过孔的连接处有一段过渡,过渡的地方成泪滴状,所以称为泪滴。泪滴的作用是在焊接或钻孔时,避免应力集中在导线和焊点的接触点而使接触处断裂,让焊盘和过孔与导线的连接更牢固。

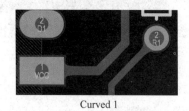
Curved 1　　　　　　　Curved 2　　　　　　line

图 10-4　泪滴的 Curved(弧形)和 line(线)两种形状

添加泪滴的步骤如下。

(1) 打开需要添加泪滴的 PCB 板,选择"工具"→"滴泪"命令,弹出如图 10-5 所示"泪滴"(Teardrops)对话框。

(2) 在"工作模式"选项区,如果选中"添加"单选按钮表示此操作将添加泪滴,如果选中"删除"单选按钮表示此操作将删除泪滴。

(3) 在"对象"选项区,如果选中"所有"单选按钮表示将对所有对象放置泪滴,如果选中"仅选择"单选按钮表示将只对所选择的对象放置泪滴。

(4) "选项"选项区的使用。

① 在"泪滴形式"下拉列表中有 Curved(弧形)和 Line(线)两种泪滴形状,效果如图 10-4 所示。

② "强迫铺泪滴"复选框。如果选中该复选框,将强制对所有焊盘、过孔添加泪滴,这样可能导致在 DRC 检测时出现错误信息;如果不选中该复选框,则对安全间距太小的焊盘不添加泪滴。

③ "调整泪滴大小"复选框。选中该复选框,在进行添加泪滴的操作时自动调整泪滴大小。

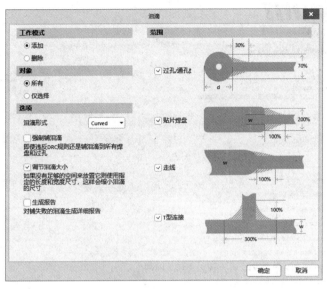

图 10-5 "泪滴"对话框

④ "生成报告"复选框。选中该复选框,进行添加泪滴的操作后将自动生成一个有关添加泪滴的操作报表文件,同时该报表也将在工作窗口中显示出来。

(5) 设置完毕后单击"确定"按钮,系统将自动按所设置的方式放置泪滴。

10.1.4 放置过孔作为安装孔

在低频电路中,可以放置过孔或焊盘作为安装孔。选择"放置"→"过孔"命令,进入放置过孔的状态,按Tab 键弹出过孔 Properties 对话框如图 10-6 所示。

将过孔直径(Diameter)改为 4mm,将过孔内径(Diameter)改为 3mm。然后将过孔放在 PCB 的 4 个角上(3mm,3mm)、(68mm,3mm)、(68mm,58mm)、(3mm,58mm)。

把 4 个过孔放在 PCB 上后,执行设计规则检查命令,查看有无不符合规则的地方。

(1) 在主菜单中选择"工具"→"设计规则检查"命令,打开 Design Rule Checker 对话框。

(2) 单击"运行 DRC"按钮,启动设计规则测试。

设计规则测试结束后,系统自动生成如图 10-7 所示的检查报告网页文件。

可见错误原因为 Hole Size Constraint(Min = 0.025mm)(Max = 2.54mm)(All)。因为 PCB 上孔的

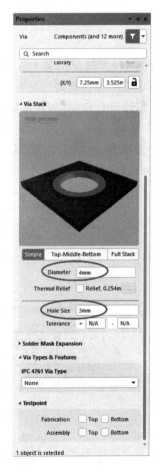

图 10-6 过孔 Properties 对话框

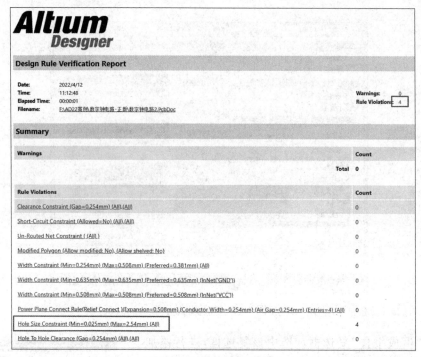

图 10-7　检查报告网页

直径最小 0.025mm,最大 2.54mm,而用户放置的过孔的孔的直径为 3mm,大于最大值, 所以出现不符合规则的地方。

修改设计规则,即在编辑窗口选择"设计"→"规则"命令,出现"PCB 规则及约束编辑器"对话框,选择并在 Design Rules→Manufacturing→Hole Size 上右击,从弹出的快捷菜单中选择 New Rule 命令,出现 Hole Size 的新规则如图 10-8 所示,将孔内径的最大值改为 4mm 即可。

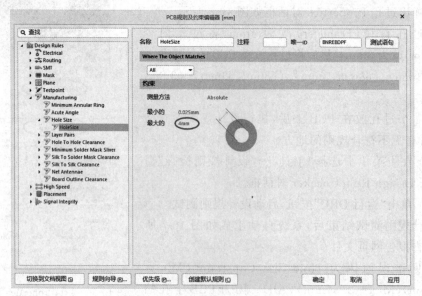

图 10-8　将孔内径的最大值改为 4mm

修改了这个参数后,再执行设计规则检查,没有错误提示。

10.1.5　放置 Logo

Altium 在 PCB 编辑器中增加了放置图形功能,用户可在 PCB 上放置 JPG、BMP、PNG 或 SVG 格式的图形。

(1)单击 Top Layer,激活要放置 Logo 的层。在菜单栏选择"放置"→Graphics 命令。

(2)命令启动后,将提示用户单击两次以定义要放置图像的矩形区域。区域确定后,用户需要在弹出的 Choose Image File 对话框中选择图形文件,确定好文件后将弹出 Import Image 对话框,根据需要设置参数,如图 10-9 所示。然后单击 OK 按钮,即可在 PCB 当前层创建图形。

(3)框选并在刚导入的 Logo 上右击,在弹出的快捷菜单中选择"联合"→"从选中的元器件生成联合"命令,弹出 Information(信息)确认框,如图 10-10 所示,单击 OK 按钮;如果 Logo 放置的位置不对,可以选中调节。

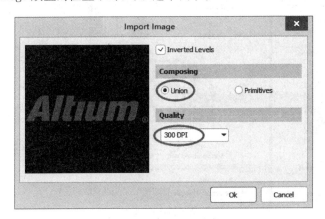

图 10-9　设置导入参数

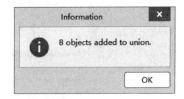

图 10-10　信息确认对话框

10.1.6　布置多边形铺铜区域

铺铜也称敷铜,就是将 PCB 上闲置的空间作为基准面,然后用固定铜填充,这些铜区又称为灌铜。铺铜的意义如下。

- 增加截流面积,提高载流能力。
- 减少接地阻抗,提高抗干扰能力。
- 降低压降,提高电源效率。
- 与地线相连,减少环路面积。
- 多层板对称铺铜可以起到平衡作用。

1. 多边形铺铜

布置多边形铺铜区域的方法如下。

(1)在工作区选择需要设置多边形铺铜的 PCB 层(Top Layer 或 Bottom Layer)。

(2)单击"绘制工具栏"中的多边形铺铜工具按钮  ,或者在主菜单中选择"放置"→"铺铜"命令,按 Tab 键,打开如图 10-11 所示的多边形铺铜(Polygon Pour)Properties 对

话框。该对话框用于设置多边形铺铜区域的属性,其中的选项功能如下。

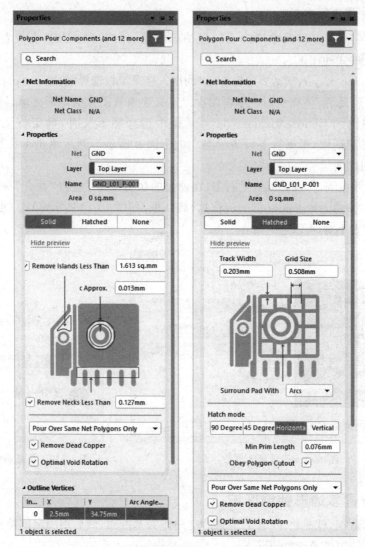

图 10-11　多边形铺铜 Properties 对话框

①　Properties(属性)选项区。用于设置多边形铺铜区域的性质,其中的各选项意义如下。

- Net(网络选项):用于设置多边形铺铜区域中的网络,即在下拉列表中选择与多边形铺铜区域相连的网络,一般选择 GND。
- Layer(层):用于设置多边形铺铜区域所在的层。
- Name(名称):铺铜区域的名字,一般不用更改。

②　Fill Mode(填充模式)。用来设置多边形铺铜区域内的填充模式,其各选项的功能如下。

- Solid:表示铺铜区域是实心的。
- Hatched:表示铺铜区域是网状的。

- None：表示铺铜区域无填充，仅有轮廓、外围。

③ Track Width(轨迹宽度)。文本框用于设置多边形铺铜区域中网格连线的宽度。如果连线宽度比网格尺寸小，多边形铺铜区域是网格状的；如果连线宽度和网格尺寸相等或者比网格尺寸大，多边形铺铜区域是实心的。

④ Grid Size(栅格尺寸)。文本框用于设置多边形铺铜区域中网格的尺寸。为了使多边形连线的放置最有效，建议避免使用元件管脚间距的整数倍值设置网格尺寸。

⑤ Surround Pads With(围绕焊盘模式)。下拉列表用于设置多边形铺铜区域在焊盘周围的围绕模式。其中，Arcs(圆弧)选项表示采用圆弧围绕焊盘；Octagons(八角形)选项表示使用八角形围绕焊盘，使用八角形围绕焊盘的方式所生成的 Gerber 文件比较小，生成速度比较快。

⑥ Hatch Mode(孵化模式)。用于设置多边形铺铜区域中的填充网格式样，其中共有 4 个选项，其功能如下。

- 90 Degree(90 度)：表示在多边形铺铜区域中填充水平和垂直的连线网格。
- 45 Degree(45 度)：表示用 45°的连线网络填充多边形。
- Horizontal(水平的)：表示用水平的连线填充多边形铺铜区域。
- Vertical(垂直的)：表示用垂直的连线填充多边形铺铜区域。

以上各填充风格的多边形铺铜区域如图 10-12 所示。

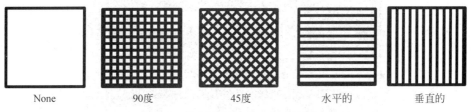

| None | 90度 | 45度 | 水平的 | 垂直的 |

图 10-12　各填充风格的多边形铺铜区域

⑦ Min Prim Length(最小整洁长度)。用于设置多边形敷铜区域的精度，该值设置得越小，多边形填充区域就越光滑，但敷铜、屏幕重画和输出产生的时间会增多。

⑧ Remove Dead Copper(死铜移除)复选框。选中该复选框后，系统会自动移去死铜。所谓死铜是指在多边形铺铜区域中没有和选定的网络相连的铜膜。当已存在的连线、焊盘和过孔不能和铺铜构成一个连续区域的时候，死铜就生成了。死铜会给电路带来不必要的干扰，因此建议用户选中该选项，自动消除死铜。如图 10-13 所示。

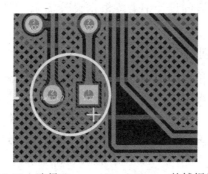

图 10-13　选择 Remove Dead Copper 的铺铜效果

（3）在多边形铺铜 Properties 对话框中选择以下设置进行多边形铺铜区域的属性设置。

- Net：GND。
- Fill Mode(填充模式)：Hatched(网状)。
- Hatch Mode：选择 45 Degree。
- 选中 Pour Over Same Net Polygons Only(仅敷在相同网络的铜箔上)复选框。
- 选中 Remove Dead Copper(死铜移除)复选框。

（4）移动光标，在多边形的起始点单击，定义多边形开始的顶点。

（5）移动光标，持续在多边形的每个折点单击，确定多边形的边界，直到多边形铺铜的边界定义完成，按鼠标右键退出该模式。铺铜完成后的效果如图 10-14 所示。

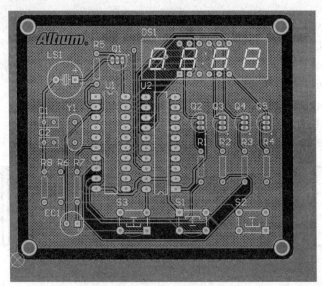

图 10-14　标注的尺寸、重置坐标原点及铺铜的 PCB 板

（6）铺铜在放置多边形折点的时候，可以按 Space 键改变线的方向(90°/45°)，也可以按 Shift＋Space 组合键改变线的方向(90°/90°圆弧/45°/45°圆弧/任意角度)。

如果制版的工艺不高，铺铜铺成实心的，时间久了，PCB 的铺铜区域容易起泡，如果铺铜敷成网状的就不存在这个问题。对于增强柔性板的灵活弯折来讲，铺铜或平面层最好采用网状结构。但是对于阻抗控制或其他的应用来讲，网状结构在电气质量上又不尽如人意。所以，设计师在具体的设计中需要根据设计需求，两害相权取其轻，合理判断是使用网状铜皮还是实心铜。

10.1.7 异形铺铜的创建

很多情况下，有一个圆角矩形边框或者非规则形状的板子，需要创建一个和板子形状一模一样的铺铜，该怎么处理呢？下面说明异形铺铜的创建方法。

（1）在编辑窗口选择"工具"→"铺铜"→"铺铜管理器"命令，弹出 Polygon Pour Manager(多边形铺铜管理器)对话框，单击"来自……的新多边形"按钮，在弹出下拉菜单中选择"板外形"命令，如图 10-15 所示，弹出铺铜 Properties(属性)对话框，在 Net 下拉列表中选择 GND，在 Layer(层)下拉列表中选择 Top Layer(顶层)，选择 Solid(表示铺铜区域是实心的),选择 Pour Over Same Net Polygons Only(仅敷在相同网络的铜箔上),选中 Remove Dead Copper(移去死铜)复选框,如图 10-16 所示。

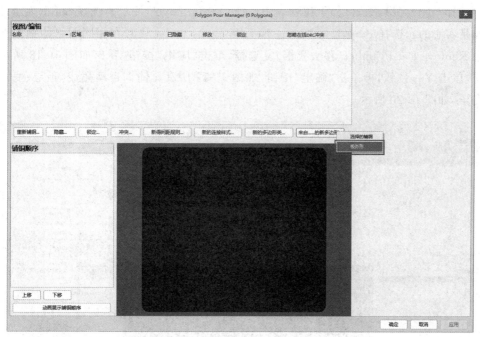

图 10-15　多边形铺铜管理器

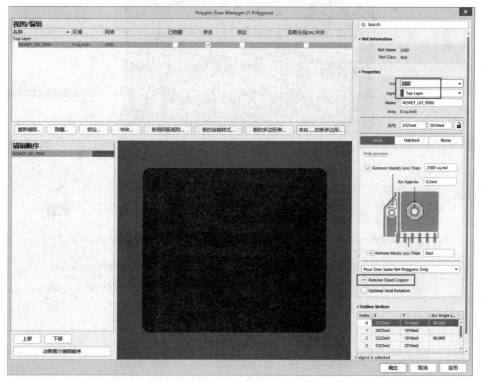

图 10-16　铺顶层铜

（2）完成以上操作后不要退出，单击"来自……的新多边形"按钮，在弹出的下拉菜单中选择"板外形"命令，如图 10-17 所示，弹出铺铜 Properties（属性）对话框，在 Net 下拉列表中选择 GND，在 Layer（层）下拉列表中选择 Bottom Layer（底层），选择 Solid（表示铺铜区域是实心的），选择 Pour Over Same Net Polygons Only（仅敷在相同网络的铜箔上），选中 Remove Dead Copper（移去死铜）复选框，单击"应用"按钮，弹出如图 10-18 所示对话框，单击 Yes 按钮，再单击"确定"按钮，如图 10-19 所示。铺铜自动完成，顶层、底层铺铜完毕，如图 10-20 所示。

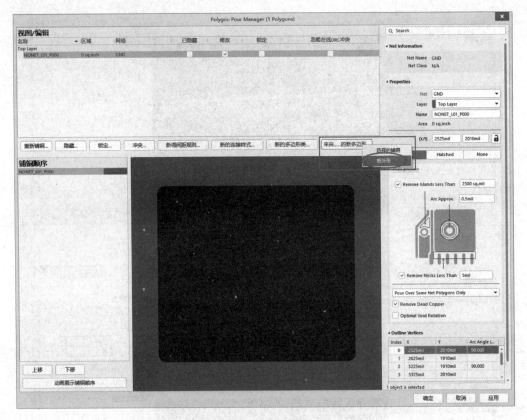

图 10-17　为铺另一面铜再选"板外形"

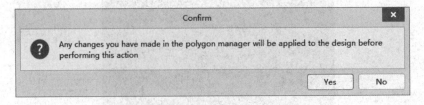

图 10-18　确认对话框

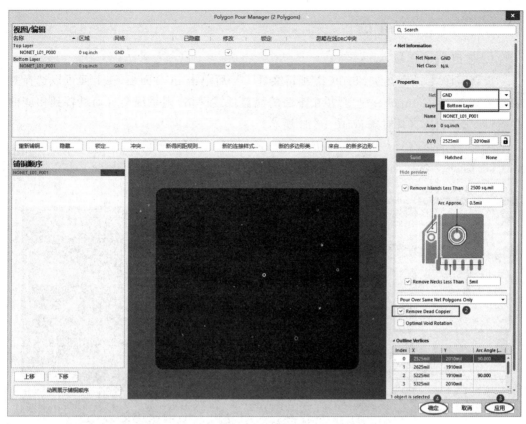

图 10-19　铺底层铜

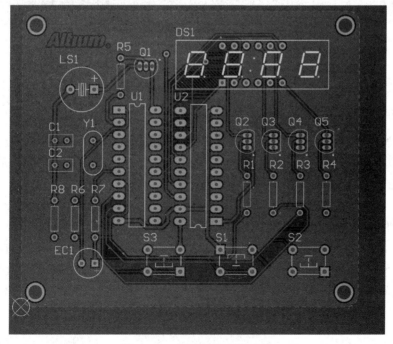

图 10-20　顶层、底层铺铜完毕

10.1.8　对象快速定位

1. 使用 PCB 面板

重新编译"数字钟电路.PrjPCB"项目文件。然后单击 PCB 面板,在上面可以选择对象类型如 Nets、Components 等,单击下面的元器件或网络,则系统会自动跳转到相应的位置,即完成快速查找对象,如图 10-21 所示。

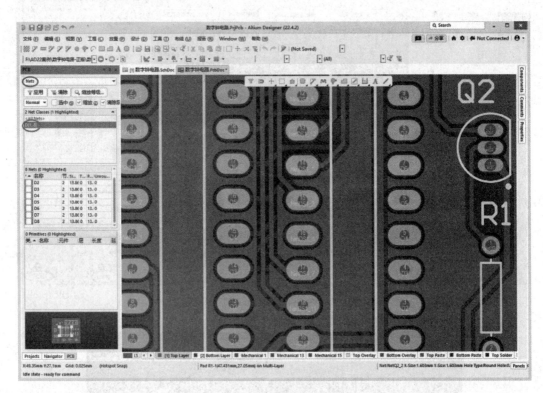

图 10-21　元器件快速定位

2. 使用过滤器选择批量目标

打开 PCB Filter 面板,如果只显示 PCB 板上的全部元器件,可以在"选择高亮对象"栏内,将在 Component(元器件)行右边的 Free 复选框选中,其余行右边的复选框都不选中,单击"全部应用"按钮,就可以在 PCB 板上选择所有的元器件,如图 10-22 所示;如果要显示 PCB 板上的文字(Text),在 Text 行右边的 Component、Free 的复选框选中,单击"全部应用"按钮,就可以显示 PCB 板上所有的文字,如图 10-23 所示。

在 PCB Filter 面板的"选择高亮对象"栏内,对每一行右边的复选框进行不同的选取,就可以对 PCB 板上的显示内容进行筛选,如果要显示 PCB 板上的全部内容,将 PCB Filter 面板的"选择高亮对象"(Select objects to highlight)栏内的所有复选框都选中,再单击"全部应用"按钮即可。

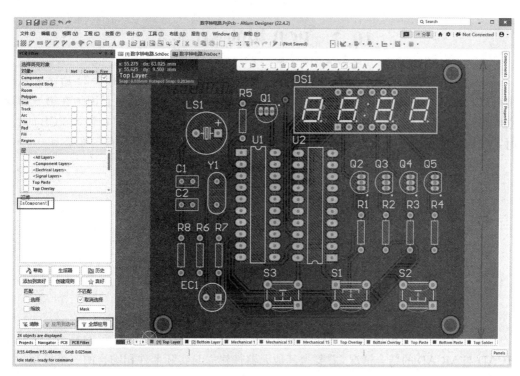

图 10-22 PCB Filter 面板、显示 PCB 板上所有的元器件

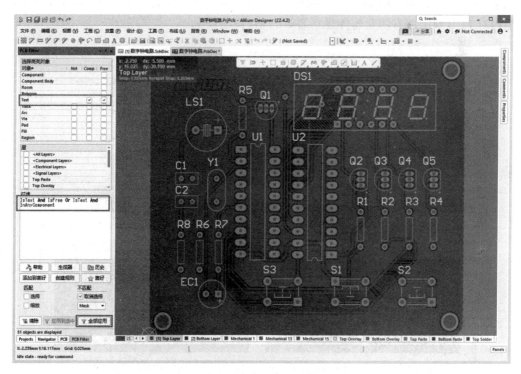

图 10-23 显示 PCB 板上所有的文字

10.2   PCB 板的 3D 显示

在 PCB 编辑器中,按快捷键 3 就可进行 PCB 板的 3D 显示,如图 10-24 所示。从图中可以看出只有电阻、电容没有 3D 模型,其他元器件都有 3D 模型,这是因为在第 5 章建立数码管、单片机等元器件的封装时,建立了这些元器件的三维模型;在设计 PCB 时,有时系统提供的库内元器件封装有三维模型,而有些元器件的封装则没有三维模型。

图 10-24   PCB 板的 3D 显示

为了查看 PCB 板焊接元器件后的效果,提前预知 PCB 板与机箱的结合,也就是 ECAD 与 MCAD 的结合情况,需要为其他元器件建立与实际器件相吻合的三维模型。

选择"工具"→Manage 3D Bodies for Components on Board 命令,弹出如图 10-25 所示的"元件体管理器"(Component Body Manager)的 3D 模型管理对话框,可以在该对话框内对 PCB 板上所有的元器件建立简单的 3D 模型。

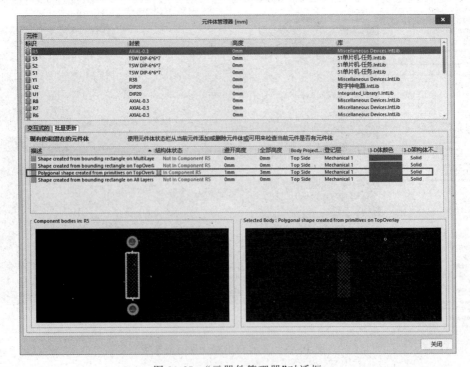

图 10-25   "元器件管理器"对话框

1. 建立电阻的 3D 模型

（1）在如图 10-25 所示的 Components 区域选择需要建立 3D 模型的元件 R5。

（2）在"描述"列依次查看，选择哪一行的 3D 模型是用户需要的，在此选择 Polygonal Shape Created from primitives on TopOverlay。

（3）在"结构体状态"列，单击 Not In Component R5，表示把 3D 模型加到 R5 上，单击后显示变为 In Component R5；如果再单击 In Component R5，则表示把刚加的 3D 模型从 R5 上移除掉。

（4）"避开高度"列表示三维模型底面到电路板的距离，在此设为 1mm。

（5）"全部高度"列表示三维模型顶面到电路板的距离，在此设为 3mm。

（6）Body Projection 列，用于设置三维模型投影的层面，在此选择 Top Side。

（7）"登记层"列用于设置三维模型放置的层面，在此选择默认值 Mechanical 1。

（8）"3D 体颜色"列用于选择三维模型的颜色，在此选择与实物相似的颜色，设置完成后单击"关闭"按钮，即为电阻 R5 添加了三维模型。单击保存按钮。按"3"键，可以看看电阻 R5 的三维模型，看后按"2"键返回二维模式，在二维模式下操作更方便。

用相同的方法创建 R1～R4、R6～R8 的 3D 模型。

2. 建立 C1～C2 的三维模型

方法同建立电阻 R5 的 3D 模型，仅有以下 4 处不同。

（1）在"描述"列选择 Shape Created from bounding rectangle on Multilayer。

（2）将"避开高度"设为 1mm。

（3）将"全部高度"设为 6mm。

（4）"3D 体颜色"（Body 3-D Color）选项用于选择三维模型的颜色，在此选择与实物相似的颜色。

为数字钟电路的所有元器件添加三维模型后的 PCB 板，如图 10-26 所示。

在主菜单选择"视图"→"翻转板子"命令，可以把 PCB 板从一面翻转到另一面，也就是翻转 180°，如图 10-27 所示。

图 10-26 为数字钟电路的所有元器件添加
三维模型后的 PCB 板

图 10-27 数字钟电路 PCB 板翻转 180°

10.3　原理图信息与 PCB 信息的一致性

如果数码管显示电路 PCB 板上元器件的三维模型比较接近真实的元器件的尺寸,就可观察用户设计的 PCB 是否合理适用,如果不合理,可以修改 PCB,直到满足设计要求为止,否则等生产厂家把 PCB 板制作完成以后才发现错误,就会造成浪费。

如果在 PCB 上发现某个元器件的封装不对,可以在 PCB 上修改该元器件的封装,或把该元器件的封装换成另一个合适的封装,这就造成原理图信息与 PCB 上的信息不一致。为了把 PCB 上更改的信息反馈回原理图,在 PCB 编辑器中选择"设计(D)"→"Update Schematics in 数字钟电路.PrjPcb"命令,就可把 PCB 的信息更新到原理图内。

同理,如果在原理图上发生了改变,要把原理图的信息更新到 PCB 内,方法是在原理图编辑环境下选择"设计"→"Update PCB Document 数字钟电路.PcbDoc"命令,就可把原理图的信息更新到 PCB 图内。

这样就可保证原理图信息与 PCB 上的信息一致,原理图与 PCB 图之间是可以双向同步更新的。

要检查原理图与 PCB 之间的信息是否一致,可以执行以下操作。

(1) 打开原理图与 PCB 图,选择"工程"→"显示差异"命令,弹出"选择比较文档"对话框,如图 10-28 所示,选择一个要比较的 PCB,单击"确定"按钮。

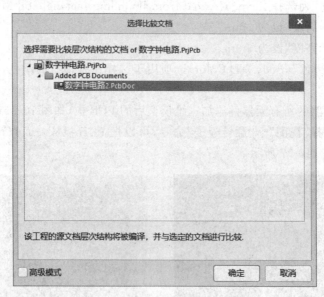

图 10-28　"选择比较文档"对话框

(2) 弹出的显示原理图与 PCB 图之间差异的对话框如图 10-29 所示,从图中看出,除了 Room 以外,原理图与 PCB 图之间没有差异。

既可以单击"报告差异"按钮查看报告,也可以单击"探测差异"按钮探究报告,在该报告上选择目标,就可以找到原理图与 PCB 之间的差异。

如果 PCB 设计合理,就可产生输出文件(第 11 章介绍)供生产厂家使用。

图 10-29　显示原理图与 PCB 图之间差异的对话框

本 章 小 结

本章主要介绍了交互式布线的处理方式及放置泪滴,放置尺寸标注,设置坐标原点,放置 Logo,布置多边形铺铜区域,异形铺铜的创建,对象快速定位及 PCB 板的 3D 设计等内容。

习　题　10

(1) 在设计 PCB 时,处理布线冲突有几种方法?

(2) 在布线过程中按什么键添加一个过孔并切换到下一个信号层?

(3) 在 PCB 板的焊盘上添加泪滴有什么作用? 在 PCB 板上放置多边形铺铜一般与哪个网络相连?

(4) 将第 9 章完成的"高输入阻抗仪器放大器电路的 PCB 板"做优化处理,添加泪滴,放置尺寸标注,设置坐标原点,放置 Logo,布置多边形铺铜区域,并为 PCB 上所有的元器件建立 3D 模型,查看 PCB 板的 3D 显示,检查设计的 PCB 是否适用。

(5) 将第 9 章完成的"数字钟部分显示电路的 PCB 板"做优化处理,添加泪滴,放置尺寸标注,设置坐标原点,放置 Logo,布置多边形铺铜区域,并为 PCB 板上所有的元器件建立 3D 模型,查看 PCB 板的 3D 显示,检查设计的 PCB 是否适用。

(6) 完成单片机实验板上计时器部分电路原理图及 PCB 设计,如图 10-30 所示。

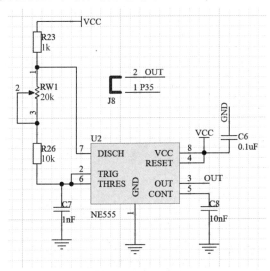

图 10-30　单片机实验板计时器部分电路原理图

（7）完成单片机实验板上 USB 转串口部分电路原理图及 PCB 设计,如图 10-31 所示。

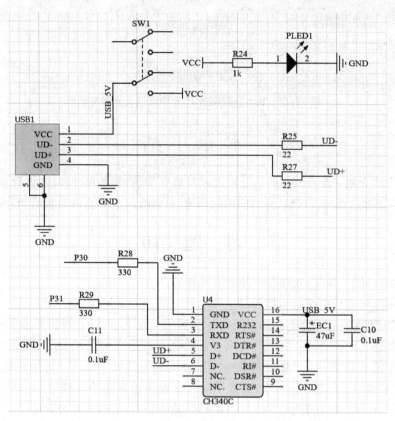

图 10-31　单片机实验板 USB 转串口部分电路原理图

第 11 章

输 出 文 件

任务描述

在完成数字钟电路原理图的绘制及 PCB 的设计之后,经常需要输出一些数据、图纸、报表文件及 Gerber 文件,本章主要介绍这些输出文件的生成,为 PCB 的后期制作、元件采购、文件交流等提供方便。本章包含以下内容:

- 位号的调整;
- 位号图输出;
- 生成 Gerber 文件;
- 生成钻孔文件;
- BOM 报表。

11.1 位号的调整

11.1.1 位号调整的原则

在进行元器件装配时,需要输出相应的装配文件,而利用元器件的位号图可以方便比对元器件装配。隐藏其他层,只显示 Overlay 和 Solder 层可以更方便地进行位号调整。

一般来说,位号大都被放到相应元器件旁边,其调整应遵循以下原则。

(1)位号显示清晰。位号的字宽和字高可使用常用的尺寸,如 4/20mil、5/25mil、6/30mil、8/40mil,具体的尺寸还需根据板子的空间和元器件的密度灵活设置。若是需要将位号信息印制到 PCB 板上,其尺寸至少为 6/30mil。

(2)位号不能被遮挡。若用户需要把元器件位号印制在 PCB 板上,为了让位号清晰些,调整时避免放置到过孔或者元器件范围内。

(3)位号的方向和元器件方向尽量统一。一般地,对于水平放置的元器件,第一个字符放在最左边;而对于竖直的元器件,第一个字符放在最下面。

(4)元器件位号位置调整。如果元器件过于集中,位号无法放到元器件旁边,可以将位号放到元器件内部。先按 Ctrl+A 组合键进行全选,再按 A+P 组合键,打开“元器件文本位置”对话框,在“标识符”选项区中选择中间位置,即可将位号放到元器件内部,如图 11-1 所示。

(5)底层位号的调整。底层位号在正常情况下看是镜像的,若看不习惯,可按 V+B 组合键将 PCB 板翻转再进行位号调整,改好之后再按 V+B 组合键恢复原来的视图。

11.1.2　位号调整实例

对数字钟电路的 PCB 板的位号进行调整。

(1) 利用全局编辑功能将位号显示出来。

① 选中并在任意位号字符上右击,在弹出的快捷菜单中选择"查找相似对象"命令,如图 11-2 所示。

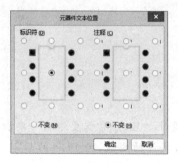

图 11-1　元件文本位置调整

图 11-2　选择"查找相似对象"命令

② 在弹出的"查找相似对象"对话框中,将 String Type 选择 Designator,并单击其右侧下拉按钮选择 Same,然后单击"确定"按钮,如图 11-3 所示。

③ 在弹出的 Properties(属性)面板中根据实际情况进行位号显示设置和修改,如图 11-4 所示。至此,位号已全部显示。

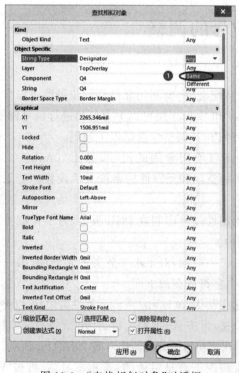

图 11-3　"查找相似对象"对话框

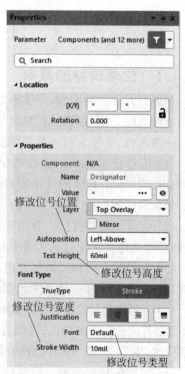

图 11-4　位号属性编辑面板

（2）隐藏相关层，以方便调整位号。按 L 键，在弹出的 View Configuration（视图配置）面板中，把其他的层全部隐藏，只显示 Top Overlay 层和 Top Paste 层（单击对应层旁边的"显示 ◎ /隐藏 ◥ "图标），如图 11-5 所示，隐藏后 PCB 显示效果如图 11-6 所示。

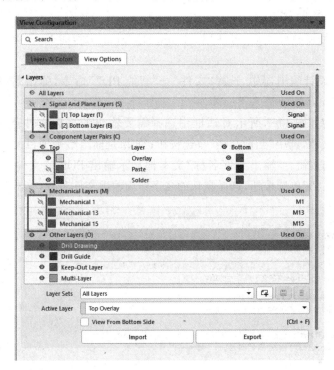

图 11-5　隐藏层

（3）按要求进行位号的调整，调整好的效果如图 11-6 所示。

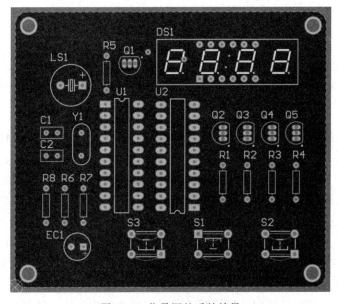

图 11-6　位号调整后的效果

11.2　装配图制造的输出

11.2.1　位号图输出

位号图和
阻值图输出

PCB 中的位号调整好之后,可使用 Altium Designer 的智能 PDF 功能输出 PDF 格式的位号图文件。

(1) 在 PCB 设计编辑器中,选择"文件"→"智能 PDF"命令,弹出"智能 PDF"设置向导对话框,单击 Next 按钮进入下一步。

(2) 在弹出的如图 11-7 所示对话框中选择需要输出的目标文件范围。如果是仅仅输出当前显示的文档,选中"当前文档"单选按钮;如果是输出整个项目的所有相关文件,选中"当前项目"单选按钮。"输出文件名称"文本框显示输出 PDF 的文件名及保存的路径。在此,选中"当前文档"单选按钮,选择默认的名字作为输出文件名称,单击 Next 按钮。

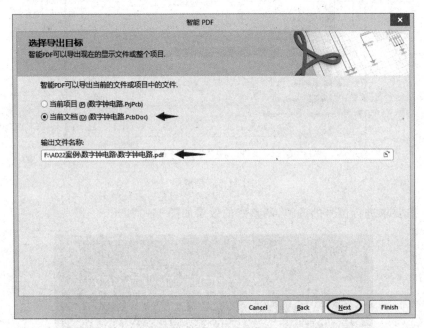

图 11-7　选择导出目标

(3) 在弹出的导出 BOM 表"智能 PDF"对话框中,取消选中"导出原材料的 BOM 表"复选框,如图 11-8 所示,单击 Next 按钮。

(4) 弹出如图 11-9 所示对话框,将光标移动到 Printouts & Layers 选项区中的 Multilayer Composite Print 位置处右击,在弹出的快捷菜单中选择 Create Assembly Drawings(创建装配图)命令,弹出 Confirm Create Print-Pet(确认创建打印设置)对话框,如图 11-10 所示。提醒用户,您是否希望创建装配图? 此操作将删除所有当前打印设置。

单击 Yes 按钮,弹出如图 11-11 所示的 PCB 打印设置"智能 PDF"对话框。在该对话框可选择 PCB 打印的层和区域,在对话框上半部分的打印层设置选项区可以设置元件的打印面,是否镜像(常常是打印底层视图的时候需要选中此选项),是否显示孔等。对话框

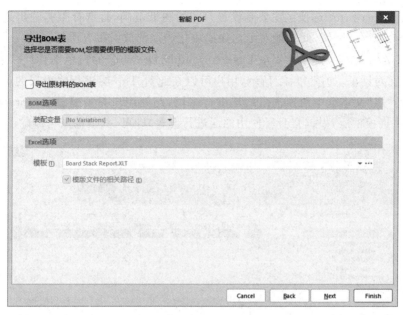

图 11-8 取消选中"导出原材料的 BOM 表"复选框

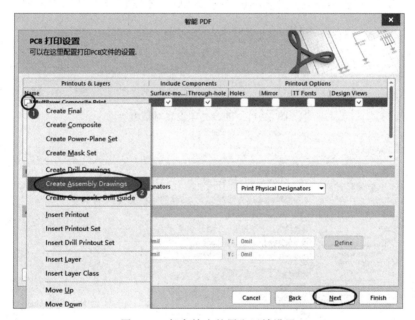

图 11-9 打印输出的层和区域设置

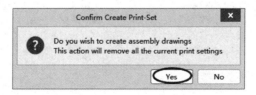

图 11-10 确认创建打印设置对话框

的下半部分 Area Print 选项区主要是设置打印的图纸范围,是选择整张输出还是仅仅输出一个特定的 X、Y 区域,此功能对于比如模块化和局部放大很有用处。

(5) 双击如图 11-11 所示 Top LayerAssembly Drawing 的白色图标 □,会弹出"打印输出特性"对话框,如图 11-12 所示,用户可以在此对 Top 层进行输出层的设置。在此对话框中的"层"文本框中对要输出的层进行编辑,此处用户只需要输出 Top Overlay 和 Mechanical 1(板框层,根据自身所使用的层进行设置)即可,其他的层可删除。

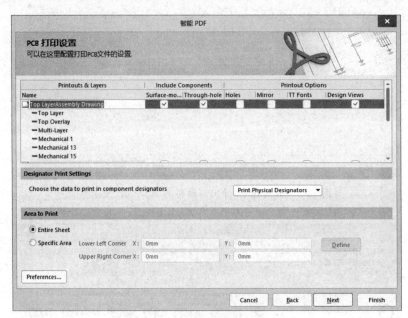

图 11-11 PCB 打印设置对话框

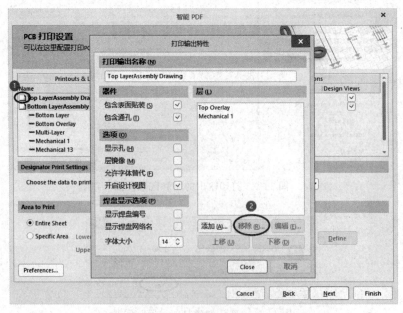

图 11-12 "打印输出特性"对话框

当需要添加层时,单击"添加"按钮,在弹出的"板层属性"对话框中的"打印板层类型"下拉列表中查找需要的层,这里选择层 Mechanical 1,单击"是"按钮,如图 11-13 所示。返回"打印输出特性"对话框,单击 Close 按钮即可。

图 11-13　"板层属性"对话框

（6）至此,完成 Top Layer Assembly Drawing 输出设置,如图 11-14 所示。

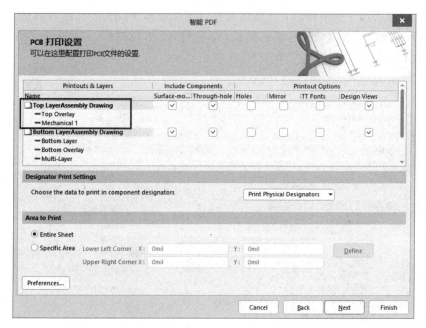

图 11-14　设置好的 Top LayerAssembly Drawing

（7）Bottom Layer Assembly Drawing 设置方法与 Top Layer Assembly Drawing 设置方法类似,重复步骤(5)、步骤(6)的操作即可。

(8) 最终的设置如图 11-15 所示,然后单击 Next 按钮。应注意的是,对于底层装配图必须选中 Mirror(镜像)复选框。

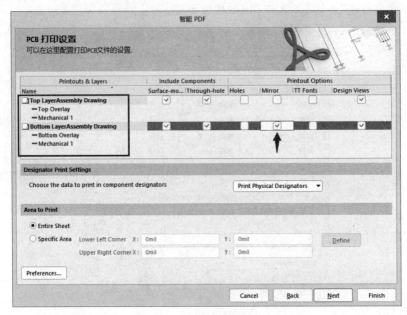

图 11-15　最终的设置效果图

(9) 单击 Next 按钮,弹出如图 11-16 所示对话框,设置 PDF 的详细参数包括：输出的 PDF 文件是否产生网络信息；网络信息是否包含管脚、网络标号、端口信息,是否包含元器件参数；PCB 图的 PDF 的颜色模式(彩色打印、单色打印、灰度打印等)。这里将"PCB 颜色模式"设置为"单色",单击 Next 按钮。

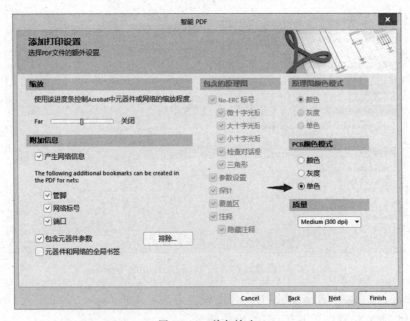

图 11-16　单色输出

（10）弹出如图 11-17 所示最后步骤的"智能 PDF"对话框，在该对话框中可以设置产生报告后是否打开 PDF 文件，是否保存此次的设置配置信息（为方便后续的 PDF 输出可以继续使用此类的配置），以及输出文档的保存路径及名字等。

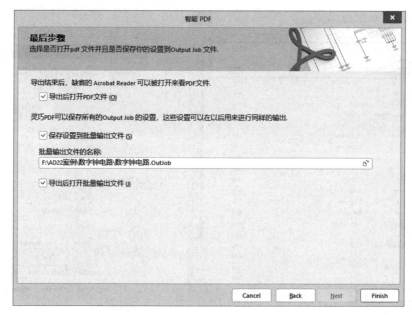

图 11-17　完成智能 PDF 输出设置

完成上述输出 PDF 设置后，单击 Finish 按钮，即完成位号图的 PDF 文件输出，如图 11-18 所示。

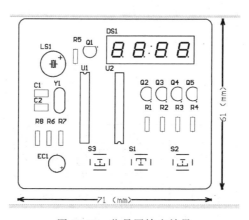

图 11-18　位号图输出效果

注意：用户的计算机上必须安装 PDF 文件的阅读软件。

11.2.2　阻值图输出

（1）显示并调整注释。只打开 Top Overlay 和 Top Solder 层，显示任意一个元器件的阻值，再用全局编辑功能全部显示。先选中任意一个阻值，然后右击，在弹出的快捷菜单中选择"查找相似对象"命令，在弹出的"查找相似对象"对话框中按照如图 11-19 所示进行操作,单击"确定"按钮。

(2) 在弹出的 Properties(属性)面板中根据实际情况进行阻值显示设置和修改,如图 11-20 所示。至此,阻值已全部显示。

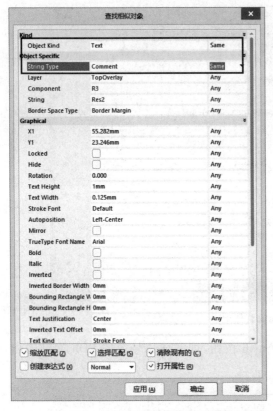

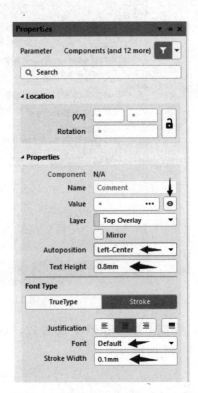

图 11-19　"查找相似对象"对话框　　　　　图 11-20　元器件阻值属性编辑面板

(3) 按要求进行阻值的调整。然后输出阻值图,方法与输出位号一致,最终的输出效果如图 11-21 所示。

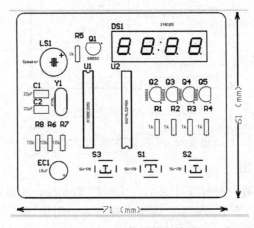

图 11-21　阻值图输出效果

11.3　生产文件的输出

　　Gerber 文件是一种符合 EIA 标准,规定了可以被光绘图机处理的文件格式,用来把 PCB 电路板图中的布线数据转换为胶片的光绘数据。PCB 生产厂商用这种文件来进行 PCB 制作。各种 PCB 设计软件都含有生成 Gerber 文件的功能。一般可以把 PCB 文件直接交给 PCB 生产厂商,厂商会将其转换成 Gerber 格式。而有经验的 PCB 设计者通常会将 PCB 文件按自己的要求生成 Gerber 文件,交给 PCB 厂商制作,确保 PCB 制作出来的效果符合个人定制的设计需要。

　　以下是由 Altium Designer 产生的各层 Gerber 文件扩展名与 PCB 原来各层对应关系。

生产文件
的输出

(1) 顶层[Top (copper) Layer]:.GTL

(2) 底层[Bottom (copper) Layer]:.GBL

(3) 中间信号层(Mid Layer) 1, 2, …, 30:.G1, .G2, …, .G30

(4) 内电层(Internal Plane Layer) 1, 2, …, 16:.GP1, .GP2, …, .GP16

(5) 顶层丝印层(Top Overlay):.GTO

(6) 底层丝印层(Bottom Overlay):.GBO

(7) 顶层钢网层(Top Paste):.GTP

(8) 底层钢网层(Bottom Paste):.GBP

(9) 顶层阻焊层(Top Solder):.GTS

(10) 底层阻焊层(Bottom Solder):.GBS

(11) 禁止布线层(Keep-Out Layer):.GKO

(12) Mechanical Layer 1, 2, …, 16:.GM1, .GM2, …, .GM16

(13) Top PadMaster:.GPT

(14) Bottom Pad Master:.GPB

11.3.1　Gerber 文件输出

　　(1) 打开数字钟电路的 PCB 文件,在 PCB 编辑器的主菜单中选择“文件”→“制造输出”→Gerber Files 命令,打开“Gerber 设置”对话框,如图 11-22 所示。

　　(2) 在“通用”选项卡中,在“单位”选项区可以选择输出的单位是(英寸)英制还是(毫米)公制,通常选择英寸;在“格式”选项区中有“2:3”“2:4”“2:5”三个选项,这三种选择对应了不同的 PCB 生产精度。其中“2:3”表示数据含 2 位整数、3 位小数;相应地,另外两个分别表示数据中含有 4 位和 5 位小数。用户根据自己在设计中用到的单位精度进行选择即可,精度越高,对 PCB 制造设备的要求也越高。

　　• 单位:输出单位选择,通常选择“英寸”。

　　• 格式:比例格式选择,选默认值“2:5”。

　　(3) 单击选中“层”选项卡,进入 Gerber 文件输出层设置界面,如图 11-23 所示。在左侧列表中选择要生成 Gerber 文件的层面,如果要对某一层进行镜像,选中相应的“镜像”复选框;在右侧列表中选择要加载到各个 Gerber 层的机械层尺寸信息。当“包括未连接的中间层焊盘”复选框被选中时,则在 Gerber 中绘出未连接的中间层的焊盘。

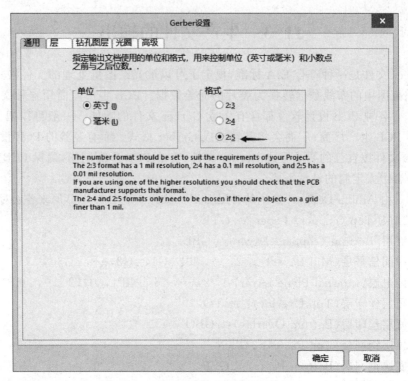

图 11-22 "Gerber 设置"对话框

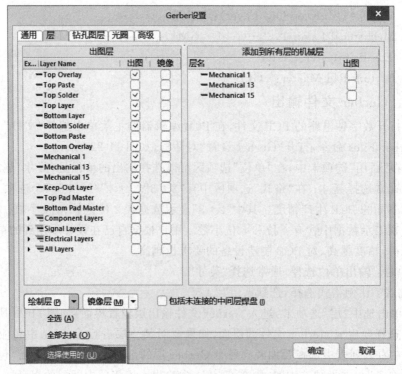

图 11-23 Gerber 文件输出层设置

① 单击"绘制层"按钮,弹出下拉列表中,选择"选择使用的"选项,意思是对在设计过程中用到的层都进行选择,如图 11-23 所示。

② 在"镜像层"下拉列表中选择"全部去掉"选项,意思是全部关闭,不能镜像输出。

③ 层的输出选择如图 11-24 所示,注意图中标出的必选项和可选项。

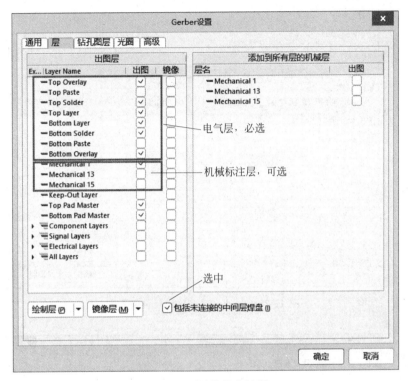

图 11-24　层的输出选择

(4) 单击选中"钻孔图层"选项卡,进入 Gerber 钻孔输出层设置界面,对"钻孔图"和"钻孔向导图"两个选项区中的"输出所有使用的钻孔对"复选框进行选中,表示对用到的钻孔类型都进行输出,如图 11-25 所示。

(5) 单击选中"光圈"选项卡,该选项卡用于设置生成 Gerber 文件时建立光圈的选项,如图 11-26 所示。系统默认选中"嵌入的孔径(RS274X)"复选框,即生成 Gerber 文件时自动建立光圈。如果取消选中该复选框,则右侧的光圈表将可以使用,设计者可以自行加载合适的光圈表。

"光圈"的设定决定了 Gerber 文件的不同格式,一般有两种格式,即 RS274D 和 RS274X,其主要区别如下。

- RS274D:包含 X、Y 坐标数据,但不包含 D 码文件,需要用户给出相应的 D 码文件。
- RS274X:包含 X、Y 坐标数据,也包含 D 码文件,不需要用户给出 D 码文件。

D 码文件为 ASCII 码文本格式文件,文件的内容包含了 D 码的尺寸、形状和曝光方式。建议用户选择使用 RS274X 方式,除非有特殊要求。

图 11-25　Gerber 钻孔输出层设置界面

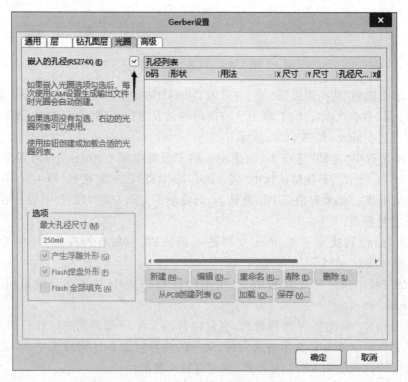

图 11-26　光绘文件"光圈"选项卡

（6）单击选中"高级"选项卡，进入光绘文件"高级"设置界面，该界面用于设置与光绘胶片相关的各个选项，如图 11-27 所示。在该选项卡中设置胶片尺寸及边框大小、零字符格式、光圈匹配容许误差、板层在胶片上的位置、制造文件的生成模式和绘制类型等。

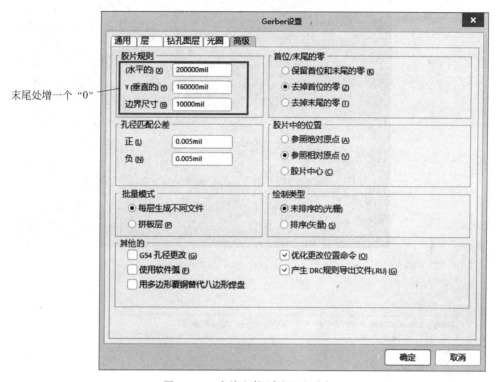

图 11-27　光绘文件"高级"选项卡

在"胶片规则"选项区的 3 项数值末尾处增加一个"0"，增大数值是防止出现输出面积过小的情况。其他选项采取默认值即可。

（7）在"Gerber 设置"对话框中设置好各参数后，单击"确定"按钮，系统将按照设置自动生成各个图层的 Gerber 文件，并且同时进入 CAM 编辑环境，如图 11-28 所示。

（8）生成的 Gerber 文件自动放置在当前工程目录下的"Project Outputs for 数字钟电路"文件夹下，此时用户可以查看刚生成的 Gerber 文件，打开"F:\AD22 案例\数字钟电路\Project Outputs for 数字钟电路"，可以看见新生成的 Gerber 文件，如图 11-29 所示。

11.3.2　钻孔文件输出

现在还需要导出钻孔（Drill）文件，重新回到 PCB 编辑界面，选择"文件"→"制造输出"→NC Drill Files 命令，弹出"NC Drill 设置"对话框，如图 11-30 所示。其中各参数说明如下。

- 单位：输出单位选择，通常选择"英寸"。
- 格式：比例格式选择，通常选择"2：5"。

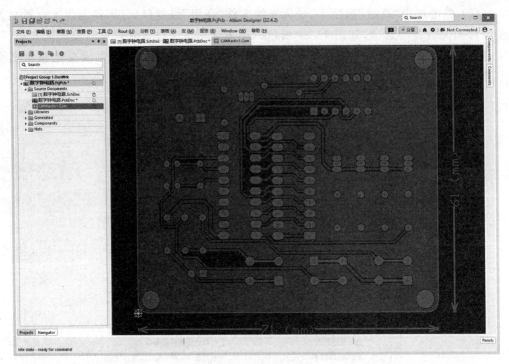

图 11-28　CAM 编辑环境

名称	修改日期	类型	大小
Status Report.Txt	2022/4/17 21:38	文本文档	1 KB
数字钟电路.apr	2022/4/17 21:38	CAMtastic Apert...	4 KB
数字钟电路.EXTREP	2022/4/17 21:38	EXTREP 文件	2 KB
数字钟电路.GBL	2022/4/17 21:38	CAMtastic Botto...	68 KB
数字钟电路.GBO	2022/4/17 21:38	CAMtastic Botto...	1 KB
数字钟电路.GBP	2022/4/17 21:38	CAMtastic Botto...	1 KB
数字钟电路.GBS	2022/4/17 21:38	CAMtastic Botto...	4 KB
数字钟电路.GD1	2022/4/17 21:38	CAMtastic Drill ...	11 KB
数字钟电路.GG1	2022/4/17 21:38	CAMtastic Drill ...	8 KB
数字钟电路.GM1	2022/4/17 21:38	CAMtastic Mech...	3 KB
数字钟电路.GPB	2022/4/17 21:38	CAMtastic Botto...	3 KB
数字钟电路.GPT	2022/4/17 21:38	CAMtastic Top P...	3 KB
数字钟电路.GTL	2022/4/17 21:38	CAMtastic Top L...	145 KB
数字钟电路.GTO	2022/4/17 21:38	CAMtastic Top ...	13 KB
数字钟电路.GTP	2022/4/17 21:38	CAMtastic Top P...	1 KB
数字钟电路.GTS	2022/4/17 21:38	CAMtastic Top S...	4 KB
数字钟电路.REP	2022/4/17 21:38	Report File	5 KB
数字钟电路-macro.APR_LIB	2022/4/17 21:38	APR_LIB 文件	0 KB

文件路径：新加卷 (F:) › AD22案例 › 数字钟电路 › Project Outputs for 数字钟电路

图 11-29　Gerber 输出文件清单

而对于其他选项选择默认设置即可。

单击"确定"按钮,弹出如图 11-31 所示的"导入钻孔数据"对话框,单击"确定"按钮,出现了 CAM 的输出界面,如图 11-32 所示。

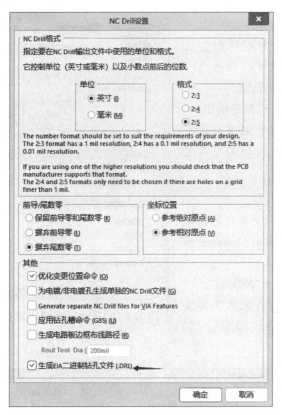

图 11-30　"NC Drill 设置"对话框

图 11-31　"导入钻孔数据"对话框

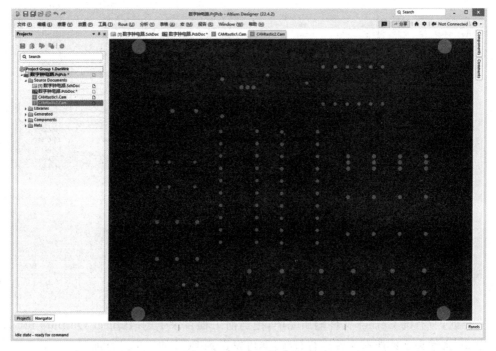

图 11-32　CAM 输出界面

11.3.3　IPC 网表的输出

如果在提交 Gerber 文件给生产厂家时同时生成 IPC 网表给厂家核对,那么在制版时就可以检查出一些常规的开路、短路问题,也可避免一些损失。

在 PCB 设计编辑器中,选择"文件"→"制造输出"→ Test point Report 命令,进入 IPC 网表的输出设置界面,如图 11-33 所示。按照图中所示进行相关设置之后输出即可。

11.3.4　贴片坐标文件的输出

制板生产完成之后,后期需要对各个元器件进行贴片,这需要用到各元器件的坐标图。Altium Designer 通常输出 TXT 文档类型的坐标文件。

在 PCB 设计编辑器中,选择"文件"→"装配输出"→ Generate Pick and Place Files 命令,进入贴片坐标文件的输出设置界面,选择输出坐标格式和单位,如图 11-34 所示。

图 11-33　IPC 网表的输出设置

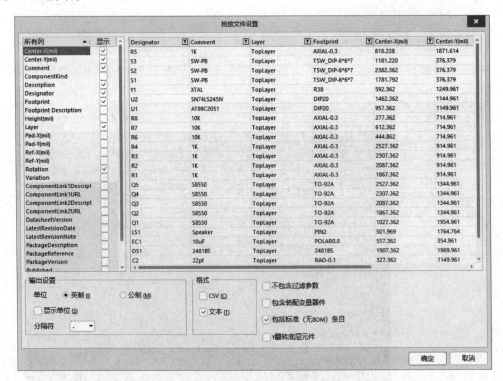

图 11-34　贴片坐标文件的输出设置

至此,所有的 Gerber 文件输出完毕,把当前工程目录下的"Project Outputs for 数字钟电路"文件夹下的所有文件进行打包,即可发送到 PCB 加工厂进行加工。

11.4　创建 BOM

BOM 为 Bill of Materials 的简称，也叫材料清单，它是一个很重要的文件，在元器件采购，设计制作验证样品、批量生产等都需要这个清单，可以用原理图文件产生出 BOM，也可以用 PCB 文件产生 BOM。这里简单介绍用 PCB 文件产生 BOM 的方法。

（1）打开"数字钟电路.PcbDoc"文件，在窗口选择"报告（R）"→Bill of Materials 命令，出现 Bill of Materials for PCB Document 对话框，如图 11-35 所示，通过该对话框可建立需要的 BOM。

图 11-35　BOM 输出设置

（2）在 Properties（属性）选项区单击选中 Columns 选项卡，用户在此选择需要输出到 BOM 报告的标题。使左边的眼睛状图标 ◉ 有效，则在对话框的左边显示选中的内容；从 Columns 栏中选择并拖动标题到 Drag a column to（将列拖动到组）栏，以便在 BOM 报告中按该数据类型来分组元件。

（3）在 Properties（属性）选项区单击选中 General 选项卡，如图 11-36 所示，在 Export Options 选项区可以选择文件的格式（File Format），用户可以选择 XLS 的电子表格、TXT 的文本样式、PDF 等 7 种文件格式。在 Template 下拉列表中可以选择相应的 BOM 模板。软件自带多种输出模板，如设计开发前期的简单 BOM 模板（BOM Simple. XLT），样品的物料采购 BOM 模板（BOM Purchase. XLT），生产用 BOM 模板（BOM Manufacturer. XLT），普通的默认 BOM 模板（BOM Default Template 95. xlt）等，当然用户也可以自己做一个适合自己的 BOM 模板。

在这里文件格式选择 Generic XLS（ * . xls， * . xlsx， * . xlsm），模板选择 No Template，最后将产生 Excel 格式的材料清单。

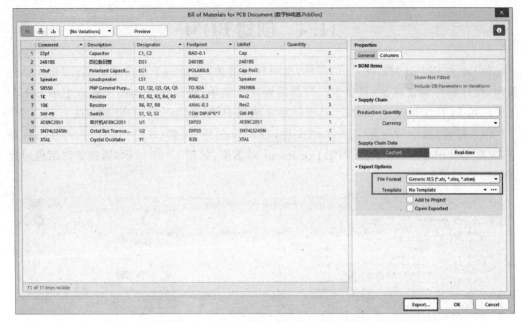

图 11-36　BOM 输出设置 General 标签

（4）单击 Export 按钮，弹出保存 BOM 文件夹"另存为"对话框，如图 11-37 所示。保持界面上的默认值不变，单击"保存"按钮，即在"F:\AD22 案例\数字钟电路\Project Outputs for 数字钟电路"文件夹下生成了"数字钟电路.xlsx"文件，返回如图 11-36 所示对话框，单击 OK 按钮，退出该对话框。

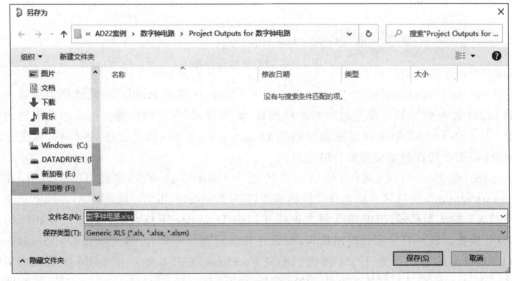

图 11-37　保存 BOM 文件夹

（5）打开"F:\AD22 案例\数字钟电路\Project Outputs for 数字钟电路"文件夹，双击打开"数字钟电路.xlsx"文件，如图 11-38 所示。

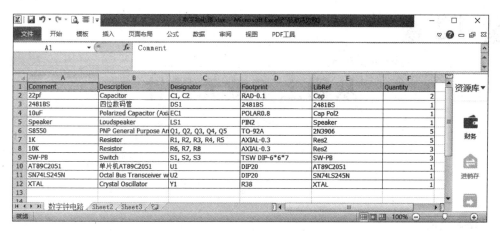

图 11-38　产生的 BOM 文件

本 章 小 结

本章主要介绍了 PCB 设计的一些后期处理,包括位号的调整、位号图输出、阻值图输出,Gerber 文件输出、钻孔文件输出、IPC 网表的输出、贴片坐标文件的输出,创建 BOM 等内容。建议生成 Gerber 等文件时最好多与制板厂家沟通,避免出错。

习　题　11

(1) 将第 2 章、第 3 章设计的电源模块原理图及 PCB 图,进行位号图输出、阻值图输出。

(2) 将第 3 章设计的电源模块 PCB 图,输出一个 Gerber 文件。

(3) 用第 3 章设计的电源模块 PCB 图,输出一个 Altium Designer 默认的 xlsx 格式的 BOM 表。

第 12 章

从网上下载元器件

任务描述

构建元器件库的确是硬件工程师的一个痛点，不仅因为它费时费力，需要熟悉 CAD 工具，需要阅读英文版的数据手册，即便是用户辛苦做了，哪怕出现一丁点儿的错误就可能导致一定的时间和经济损失。本教材的第 1 个案例，元器件是从系统提供的库内调用，第 2 个案例的元器件是自己建库，第 3 个案例的元器件准备从网上下载。本章包含以下内容：

- 从立创 EDA 下载元器件；
- 元器件导入到 AD；
- 为封装添加 3D 模型；
- 生成集成库。

进行电子产品设计的步骤如图 12-1 所示。

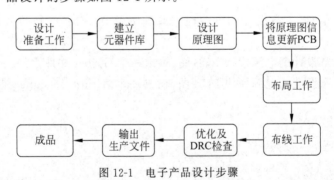

图 12-1 电子产品设计步骤

从以上设计流程可以看出设计的第一步是准备工作，准备工作中最重要的一环是准备元器件，即用户在设计 PCB 板时需要考虑选购合适且性价比高的元器件。

从网上下载元器件可以帮助工程师节省时间成本，只需要检查之后就可以使用，这使工程师能够将更多精力集中到产品设计本身。下面介绍几个常用且安全的原理图—封装—3D 模型下载网站。

(1) DigiPCBA：https://digipcba.com/（DigiPCBA 是将 PCB 设计、MCAD、数据管理和团队合作相结合的云端电子产品设计平台）。

(2) 立创 EDA：https://lceda.cn（高效的国产 PCB 设计工具，已创建超过 100 多万

种实时更新的元器件,让设计者更专注于设计,设计者也可以导入自己常用的封装库)。

(3) UltraLibrarian:www.ultralibrarian.com(更快地构建更好的产品,从世界上较大的 CAD 库中访问免费的原理图符号、封装及 3D 模型)。

(4) SnapEDA:https://www.snapeda.com/(快速设计电子产品,下载免费的数百万个元器件符号、封装、3D 模型)。

(5) Samacsys:www.samacsys.com(样品系统彻底改变了电子产品的设计,原理图符号、PCB 封装、3DCAD 模型等方面突出)。

以下为一些 3D 模型下载站点。

(1) 3Dcontent:www.3dcontentcentral.cn(免费的由用户提供且经供应商验证过的零件、装配体及其他内容的 2D 和 3D CAD 模型)。

(2) GrabCAD:https://grabcad.com/library(有 1056 万名工程师加入,拥有超过 527 万份免费的 CAD 文件)。

(3) Component:componentsearchengine.com(电子元器件搜索引擎,免费访问原理图符号、PCB 封装和 3D 模型)。

第 13 章将讲解单片机实验板的 PCB 设计。该板所用元器件大部分都从立创 EDA 站点下载,所以本章介绍如何从立创 EDA 下载元器件并放置 3D 体模型。

12.1　从立创 EDA 下载元器件

立创 EDA 分为浏览器版本和客户端版本,下面操作以客户端版本为例进行介绍。

12.1.1　浏览器打开

立创 EDA 是一个基于云端平台的工具,在使用过程中离不开网络的支持,所以用户可以在浏览器的地址栏上输入网址 https://lceda.cn,或者在百度搜索立创 EDA 并打开立创 EDA 的主页。建议下载立创 EDA 客户端,如果使用浏览器,推荐使用最新版的谷歌或火狐浏览器。

从立创 EDA
下载元器件

12.1.2　客户端打开

如果不想每次登录浏览器访问的话。立创 EDA 提供一个小巧的客户端,当用户进入立创 EDA 的主页之后可以看到有"立即下载"和"在线使用"两个选项,单击"立即下载"按钮后选择合适的版本下载安装即可。

当注册并登录账号后,即可使用立创 EDA。

12.1.3　建立工程

(1) 双击立创 EDA 图标,登录立创 EDA,登录成功的界面如图 12-2 所示。

(2) 创建工程,可以直接单击"创建工程"按钮或在主窗口选择"文件"→"新建"→"工程"命令,弹出"新建工程"对话框,如图 12-3 所示。在该对话框中"标题"文本框中输入工程的名字,在"路径"文本框中设置工程的保存路径,在此选择默认值,单击"保存"按钮。弹出如图 12-4 所示原理图编辑界面。

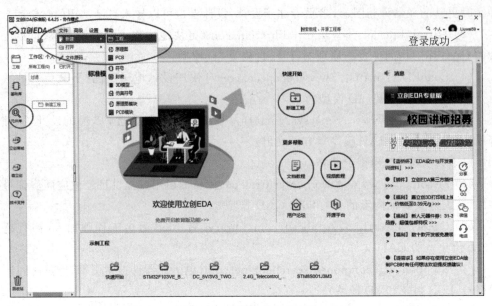

图 12-2   立创 EDA 界面

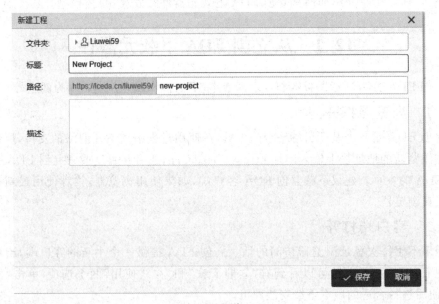

图 12-3   新建工程

12.1.4   查找元器件

　　除了基本元器件库外,立创 EDA 充分发挥云端优势,还设置了元器件库查找功能,将立创商城上在售的所有器件的原理图和封装库都提供给用户进行使用,除此之外也可以使用其他用户上传的原理图和封装库。

　　由于云端的库文件不断的积累和更新,立创 EDA 的库文件也达到了惊人的数量,足够满足用户对大部分元器件的需求。用户只需要单击"元器件库"按钮就会弹出一个搜索

图 12-4　原理图编辑界面

框,在框内搜索想要的器件;选择一个类型,包括原理图库、PCB、原理图模块和 PCB 模块;在库类别里有个人库、商城库、嘉立创支持 SMT 贴片的库、系统库、团队、关注以及用户贡献的库,在这里用户根据具体所需选择合适的库,此处以搜索 AT89C52 单片机为例。

(1) 单击"元器件库"按钮,弹出元器件库搜索对话框,如图 12-5 所示。

图 12-5　元器件库搜索对话框

（2）在"搜索引擎"文本框中输入搜索元器件的名称，如 AT89C52（单片机），单击搜索图标 Q，搜索结果如图 12-6 所示。

图 12-6　元器件搜索结果

（3）在标题（零件名称）栏，选择满足要求的元器件，搜索界面的右边会显示该元器件的原理图符号、封装符号、实物图。单击"放置"按钮，即可将 AT89C52（单片机）放置到原理图上，如图 12-7 所示。

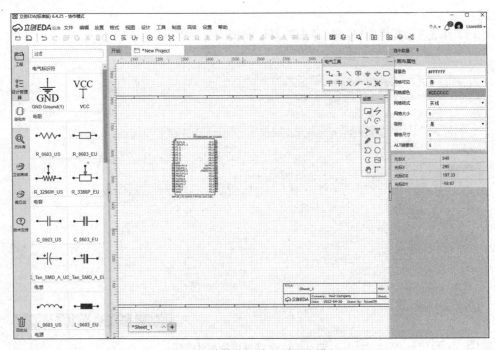

图 12-7　将单片机放置到原理图上

（4）单击"保存"按钮 ⊟ ，生成名为 Sheet_1 的原理图图纸，如图 12-8 所示。

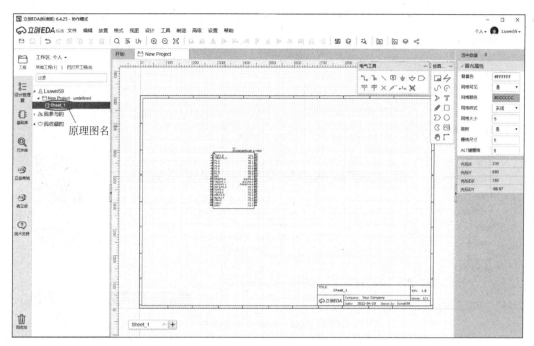

图 12-8 原理图图纸

（5）重复上述步骤（1）～步骤（3）查找器件 CH340C。在原理图编辑界面单击"元器件库"按钮，输入自己想要搜索的器件名称 CH340C，搜索结果如图 12-9 所示，查看名称、封装是否为自己所需的，确认后单击"放置"按钮就可以将 CH340C 放置到原理图内。

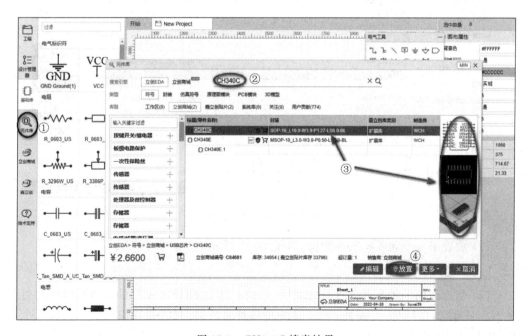

图 12-9 CH340C 搜索结果

（6）重复上述步骤(1)～步骤(3)查找单片机实验板上的其他元器件,如查找蜂鸣器的结果如图 12-10 所示,查找开关的结果如图 12-11 所示。

图 12-10　查找蜂鸣器结果

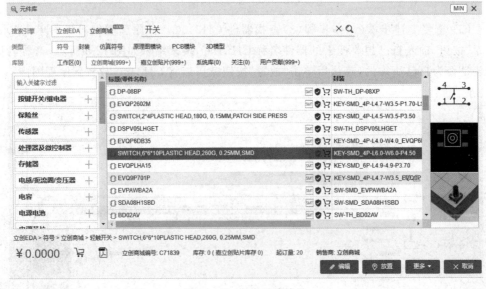

图 12-11　查找开关结果

（7）放置了 4 个元器件的原理图,如图 12-12 所示,单击"保存" 📄 按钮即可。

12.1.5　封装管理

（1）当原理图上的元器件查找完之后,生成 PCB 之前还需要仔细检查元器件的封装是否一一对应,立创 EDA 提供了一个方便的属性管理器,只需要在原理图中任选一个器件,在右边的属性框就可以看到选中元器件的基本信息,如图 12-13 所示。

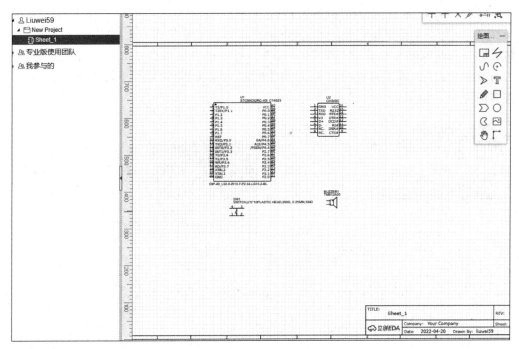

图 12-12　查找的原理图元器件

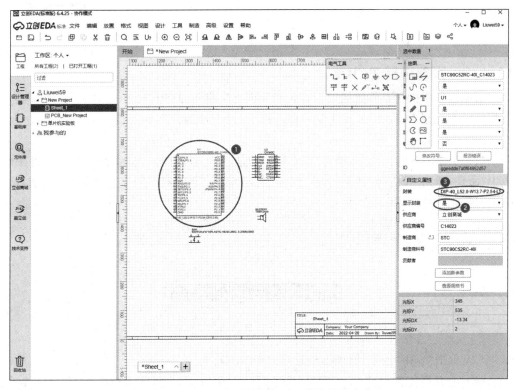

图 12-13　在右边的属性框查看元器件的基本信息

(2) 单击"封装"选项弹出"封装管理器"对话框,如图 12-14 所示,可以看到原理图和相对应的封装。如果想要更改封装,只需要在左边的元器件列表上选中封装,如对多个封装进行更改需按住 Ctrl 键不放逐一选中即可。选中想要修改的元器件之后单击右边的搜索按钮 🔍,搜索需要的封装,选择"库别"后选择器件,然后单击右下角的"更新"按钮即可。

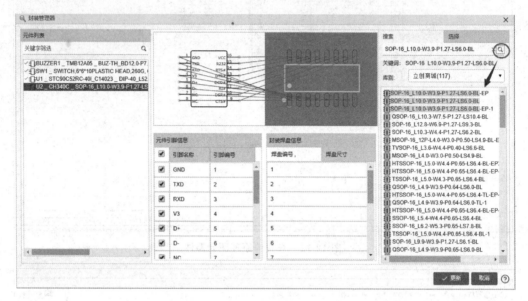

图 12-14　封装管理器

12.1.6　原理图转 PCB

当原理图中的元器件查找完毕并检查无误之后就可以将其转为 PCB 文件,如果新建工程时没有创建 PCB 文件,在主菜单栏选择"设计"→"原理图转 PCB"命令,就可以生成一个 PCB 文件。

(1) 在原理图编辑器中,单击"保存"按钮 📄,保存原理图。选择"设计"→"原理图转 PCB"命令,弹出"警告"对话框,如图 12-15 所示,单击"否,继续进行"按钮,原理图信息转入 PCB,如图 12-16 所示。

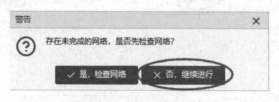

图 12-15　确认信息

(2) 单击"应用"按钮,原理图信息导入 PCB 内。

(3) 把元器件移动到 PCB 框内,单击"保存"按钮,在工程下生成新的 PCB 文件,如图 12-17 所示。

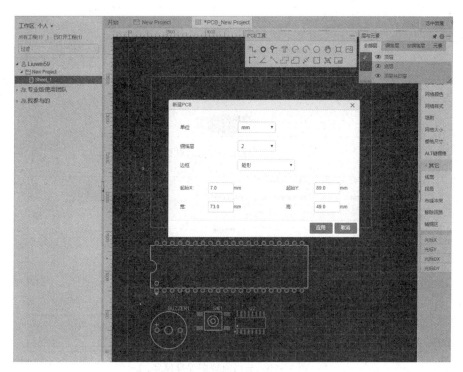

图 12-16　原理图信息转入 PCB

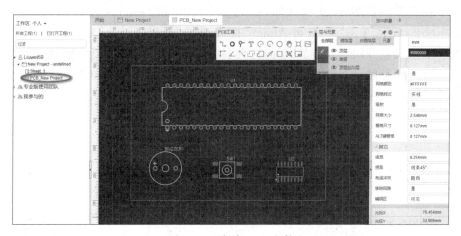

图 12-17　保存 PCB 文件

12.2　元器件导入到 AD

将查找的原理图元器件及 PCB 封装导入 Altium Designer。

（1）在原理图编辑器内，选择"文件"→"导出"→Altium Designer 命令，弹出"导出 Altium"对话框，如图 12-18 所示，选中"我已阅读并同意导出 Altium 注意事项与免责声明"前的复选框，单击"下载"按钮，弹出原理图保存路径对话框，如图 12-19 所示，确认保存路径后单击"保存"按钮，原理图信息导出为 AD 软件格式。

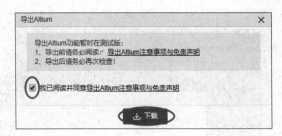

图 12-18　"导出 Altium"对话框

图 12-19　导出原理图保存路径

(2) 在 PCB 编辑器内,选择"文件"→"导出"→Altium Designer 命令,弹出"注意"对话框,如图 12-20 所示,单击"否,导出 Altium"按钮,弹出"导出 Altium"对话框,如图 12-18 所示,选中"我已阅读并同意导出 Altium 注意事项与免责声明"前的复选框,单击"下载"按钮,弹出 PCB 保存路径对话框,如图 12-21 所示,确认保存路径后单击"保存"按钮,PCB 信息导出为 AD 软件格式。

图 12-20　"注意"对话框

图 12-21　导出的 PCB 保存路径

12.3　在 AD 建立原理图及 PCB 封装库

（1）启动 Altium Designer 软件，新建一个工程（项目），取名为"单片机实验板库"，打开刚才导出的原理图文件，如图 12-22 所示。

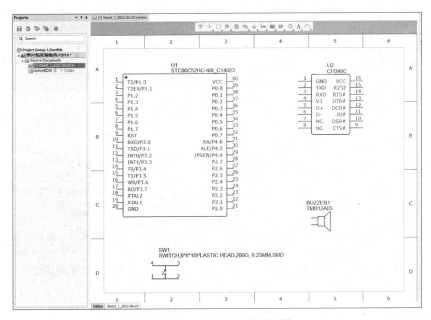

图 12-22　打开导入的原理图

（2）打开刚才导出的 PCB 文件，如图 12-23 所示。

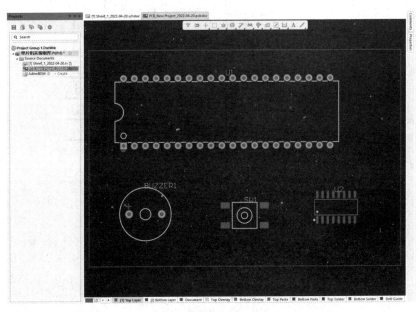

图 12-23　打开导入的 PCB 文件

(3) 在原理图编辑界面下,选择"设计"→"生成原理图库"命令,弹出"元器件分组"对话框,如图 12-24 所示,单击"确定"按钮,弹出信息确认对话框,如图 12-25 所示,单击 OK 按钮,即产生原理图库,如图 12-26 所示。

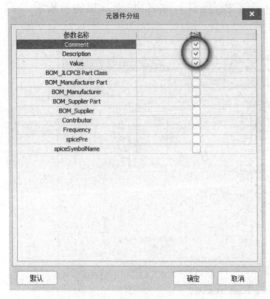

图 12-24 "元器件分组"对话框

图 12-25 信息确认对话框

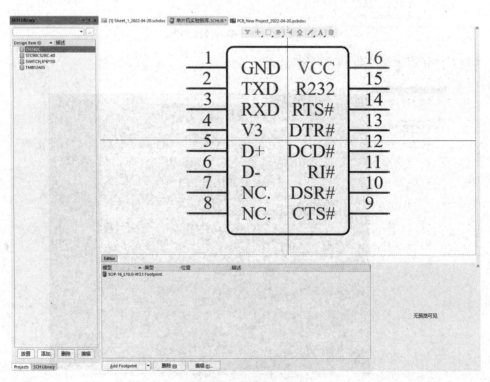

图 12-26 产生原理图库

（4）在 PCB 编辑界面下，选择"设计"→"生成 PCB 库"命令，产生 PCB 封装库，如图 12-27 所示。

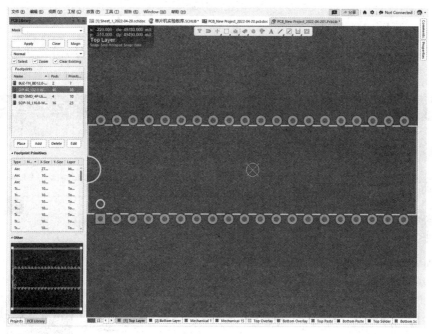

图 12-27　产生 PCB 封装库

（5）分别保存原理图库及 PCB 封装库，在原理图库编辑界面内检查每个元器件是否与相应的封装——对应，如图 12-28 所示。

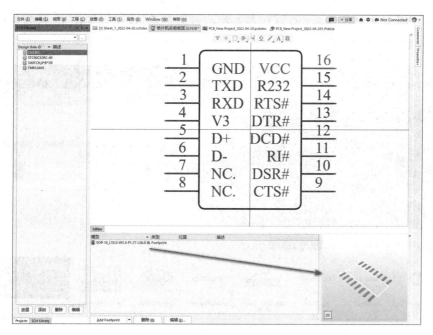

图 12-28　原理图符号与封装对应

12.4　为封装导入 3D 模型

12.4.1　下载 3D 模型

（1）打开 www.3dcontentcentral.cn 网址并登录。若没有账号，需先注册再登录。如图 12-29 所示。

下载 3D 模型

图 12-29　3DContentCentral 主页

（2）在搜索文本框中输入自己所需查找的封装名称，这里以 DIP-40 封装为例，单击搜索 按钮，如图 12-30 所示。

图 12-30　搜索 DIP-40

（3）搜索结果如图 12-31 所示，选中所需元器件模型，鼠标指针变为小手模型，单击打开，弹出新的页面，如图 12-32 所示。

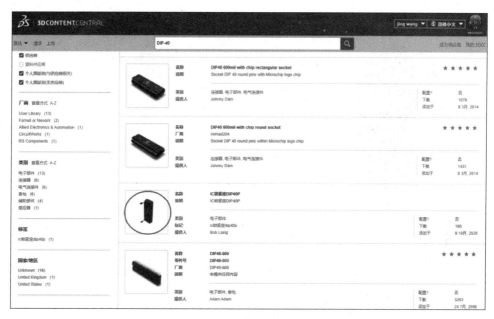

图 12-31　搜索结果页面

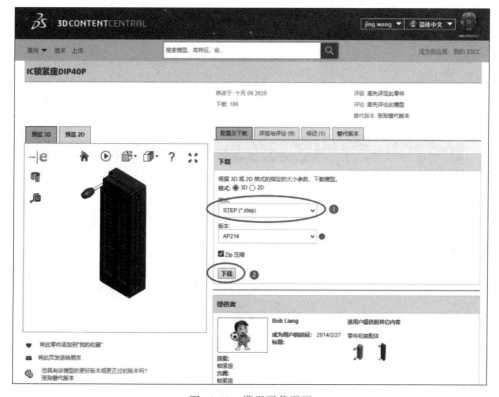

图 12-32　模型下载页面

(4) 选择下载 3D 模型文件的格式为 STEP 格式,单击"下载"按钮,弹出"下载"对话框,单击"IC 40P"图标,即开始下载,如图 12-33 所示。

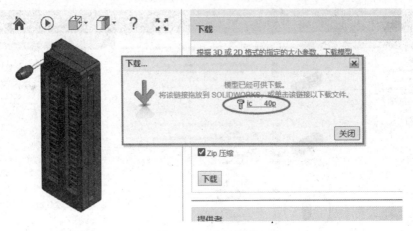

图 12-33 确认下载

(5) 下载的 3D 模型文件为压缩文件,找到下载文件存放的文件夹,对该压缩文件进行解压,如图 12-34 所示。

图 12-34 下载的 3D 模型文件

(6) 用以上的方法可以查找其他元器件的 3D 模型,如查找蜂鸣器的 3D 模型,可以在如图 12-31 所示的搜索模型栏输入蜂鸣器,查找的结果如图 12-35 所示,下载的方法同步骤 4,在此不再赘述。

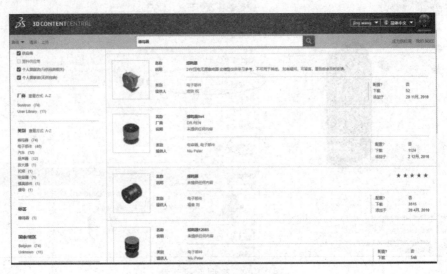

图 12-35 蜂鸣器查找结果

12.4.2 将下载的 3D 模型放入 PCB 封装库

（1）启动 AD 软件，在 AD 项目中选择 PCB 封装库，选择 PCB library 面板，如图 12-36 所示。

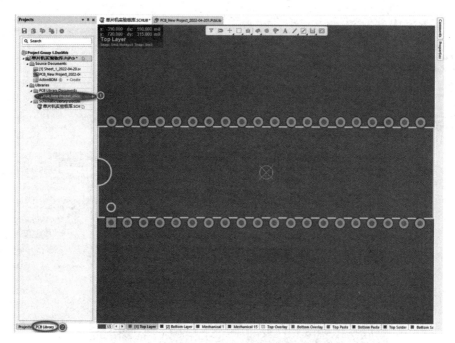

图 12-36 AD-PCB 封装库

（2）在 PCB library 界面，选择需要放置 3D 模型的封装，如选中 DIP-40，选择"放置"→"3D 体"命令，弹出 Choose Model（选择模型）对话框，找到用户存放 3D 模型的文件夹，选择需要放置的 3D 模型文件，单击"打开"按钮，如图 12-37 所示。

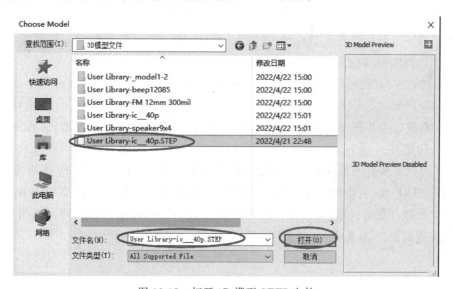

图 12-37 打开 3D 模型 STEP 文件

(3) 此时鼠标指针上会悬浮一个紫色斜条纹矩形框(代表 3D 模型形状),按 Tab 键,在屏幕右侧弹出属性对话框,调整属性框中 X、Y、Z 数值以及高度,直到 3D 模型的位置摆放好,如图 12-38 所示。

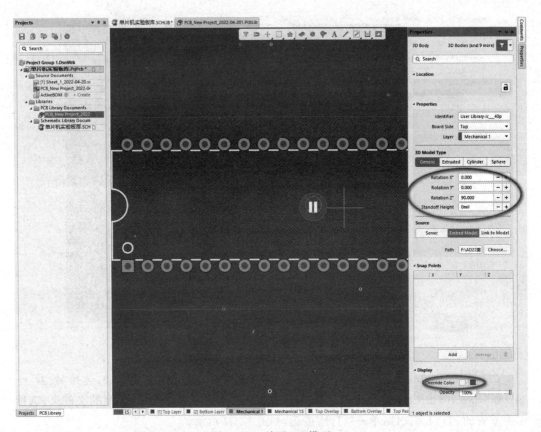

图 12-38　放置 3D 模型

注意看一下属性设置里 Display 选项区,Override Color 复选框是不是被选中了,后面有颜色选择图例,取消选中就是 3D 本色。

(4) 按数字"3"键可以切换为 3D 预览模式,调整 3D 模型的位置,放好模型后的效果如图 12-39 所示。

(5) 重复以上步骤(2)、步骤(3)可以放置其余 3 个元器件的 3D 模型,放置完后单击"保存"按钮即可。

(6) 可以将所有元器件的 3D 模型更新到 PCB 板上,在 PCB Library 面板上任选一个封装,如 DIP-40,右击弹出下拉菜单,如图 12-40 所示,选择 Update PCB With All 命令,弹出"元器件更新选项"对话框,如图 12-41 所示,单击"确定"按钮,即可把添加了 3D模型封装更新到 PCB 板上,如图 12-42 所示。

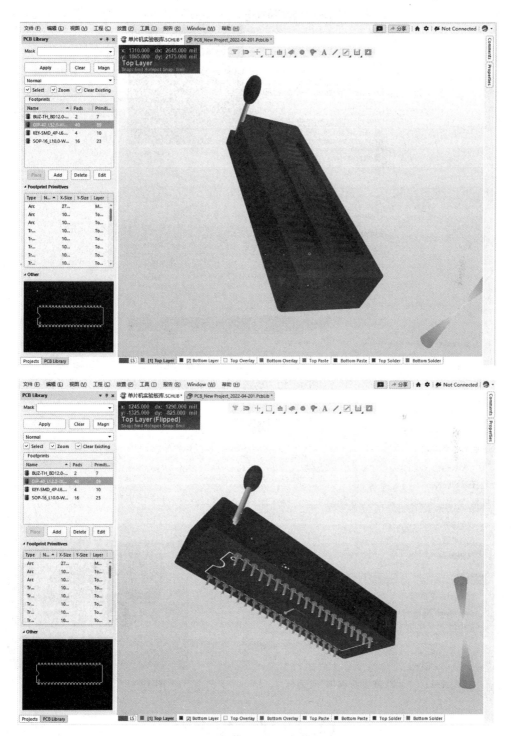

图 12-39　封装 DIP-40 3D 模型效果

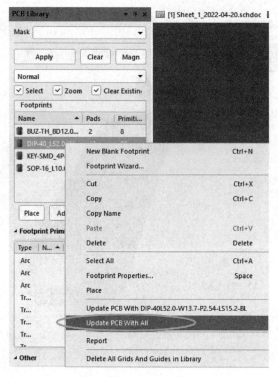

图 12-40   更新下拉菜单

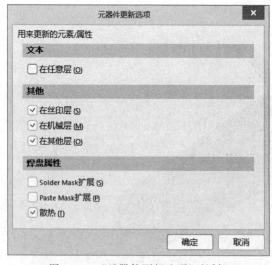

图 12-41   "元器件更新选项"对话框

图 12-42   3D 预览模式效果

12.5   建立集成库

分别保存原理图库及 PCB 封装库,进入 SCH library 面板,在原理图库编辑界面内检查每个元器件是否与相应的封装一一对应,如图 12-43 所示。

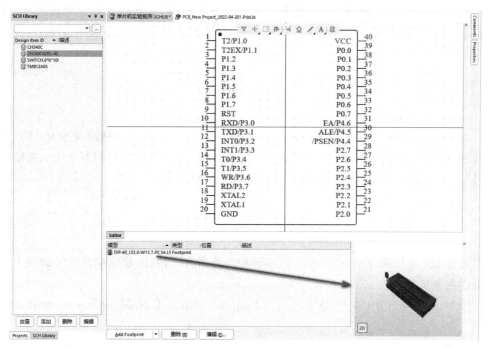

图 12-43　原理图符号与封装相对应

　　在原理图编辑界面内,选择"设计"→"生成集成库"命令,生成集成库,该集成库保存在新建工程时命名的文件夹内,生成的集成库可以在"库"面板查看,如图 12-44 所示。

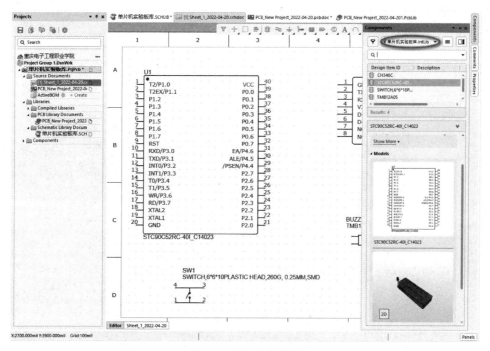

图 12-44　生成集成库

　　用所掌握的方法,查找单片机实验板上的所有元器件,并根据实际元器件尺寸,仔细检查集成库内的原理图符号及 PCB 封装是否正确,在保证集成库正确的情况下,进入第13 章的学习。

本 章 小 结

　　本章主要介绍了怎样从立创 EDA 上下载元器件,把下载的原理图符号及 PCB 封装符号导入到 AD 软件;在网上下载 3D 模型,把 3D 模型放置在相应的封装上;把原理图符号与 PCB 封装符号建立一一对应的关系,并生成集成库。

习 题 12

　　(1) 用所掌握的方法,查找单片机实验板上的所有元器件,建成单片机实验板上所有元器件的集成库。

　　(2) 访问 DigiPCBA 网站 https://digipcba.com/,了解 Manufacture Part Search功能。

层次原理图及其 PCB 设计

任务描述

本书前面介绍的常规原理图设计方法主要是介绍如何将整个原理图绘制在一张原理图纸上,这种设计方法为规模较小、简单的电路图的设计提供了方便的工具支持。但当设计大型、复杂系统的电路原理图时,若将整个图纸设计在一张图纸上,图纸会变得幅面很大且不利于分析和检错,同时也难以实现多人参与系统设计。

Altium Designer 支持多种复杂电路的设计方法,例如层次设计、多通道设计等,在增强了设计的规范性的同时减少了设计者的劳动量,提高了设计的可靠性。本章将以单片机实验板电路为例介绍层次原理图设计的方法。本章包含以下内容:

- 自上而下层次原理图设计;
- 自下而上层次原理图设计;
- 单片机实验板电路的 PCB 设计。

当设计的电路比较复杂的时候,用一张原理图来绘制显得比较困难,可读性也相对较差,此时可以采用层次型电路设计方法来简化电路设计。对于一个庞大复杂的电子工程设计系统,最好的设计方式是在设计时尽量将其按功能分解成相对独立的模块,这样的设计方法会使电路描述的各个部分功能更加清晰,同时还可以将各独立部分分配给多个工程人员,让他们独立完成设计,这样可以大大缩短开发周期,提高模块电路的复用性和设计的效率。采用这种方式后,对单个模块设计的修改可以不影响系统的整体设计,提高了系统的灵活性。

为了适应电路原理图的模块化设计,Altium Designer 提供了层次原理图设计方法。层次化设计指将一个复杂的设计任务分解成一系列有层次结构的、相对简单的电路设计任务,把相对简单的电路设计任务定义成一个模块(或方块),在顶层图纸内放置各模块(或方块),在下一层图纸放置各模块(或方块)相对应的子图,子图内还可以放置模块(或方块),模块(或方块)的下一层再放置相应的子图,这样一层套一层,可以定义多层图纸设计。这样做还有一个好处,就是每张图纸幅面不是很大,可以方便用小规格的打印机来打印图纸(如 A4 图纸)。

层次原理图设计的理念如同用树状结构来进行文件管理,设计者可以从绘制电路母原理图(简称母图)开始,逐级向下绘制子原理图(简称子图);也可以从绘制基本的子原理图开始,逐级向上绘制母原理图。因此,层次原理图设计方法可以分为两种,即自上而下层次原理图设计方法和自下而上层次原理图设计方法。

(1) 自上而下层次原理图设计。先设计好母图,再用母图的方块图来设计子图,如图 13-1 所示。

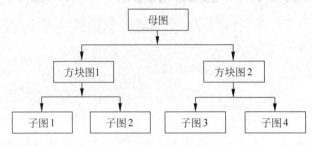

图 13-1　自上而下设计方法

(2) 自下而上层次原理图设计。先设计好子图,再用子图来产生方块图最后连接成母图,如图 13-2 所示。

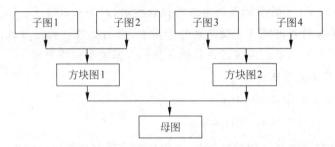

图 13-2　自下而上设计方法

Altium Designer 支持"自上而下"和"自下而上"这两种层次电路设计方式。所谓自上而下设计,就是按照系统设计的思想,首先对系统最上层进行模块划分,设计包含子图符号的母图(方块图),标示系统最上层模块(方块图)之间的电路连接关系,接下来分别对系统模块图中的各功能模块进行详细设计,分别细化各个功能模块的电路实现(子图)。自上而下的设计方法适用于较复杂的电路设计。与之相反,进行自下而上设计时,则是预先设计各子模块(子图),接着创建一个母图(模块或方块图),将各个子模块连接起来,成为功能更强大的上层模块,完成一个层次的设计,经过多个层次的设计直至满足工程要求。

层次电路图设计的关键在于如何正确地传递各层次之间的信号。在层次原理图的设计中,信号的传递主要通过电路方块图、方块图输入/输出端口、电路输入/输出端口来实现,它们之间有着密切的联系。

层次电路图的所有方块图符号都必须有与该方块图符号相对应的子图存在,并且子图符号的内部也必须有子图输入输出端口。同时,在与子图符号相对应的方块图中也必须有输入/输出端口,该端口与子图符号中的输入/输出端口相对应,且必须同名。在同一工程的所有电路图中,同名的输入/输出端口(方块图与子图)之间,在电气上是相互连接的。

本节将以单片机实验板电路为实例,介绍使用 Altium Designer 进行层次设计的方法。

如图 13-3 所示是单片机实验板电路的原理图(图纸的幅面是 A3),虽然该电路不是很复杂,不用层次原理图设计都可以完成 PCB 板的设计任务,但为了简单起见还是以它为例,介绍层次原理图的设计方法。

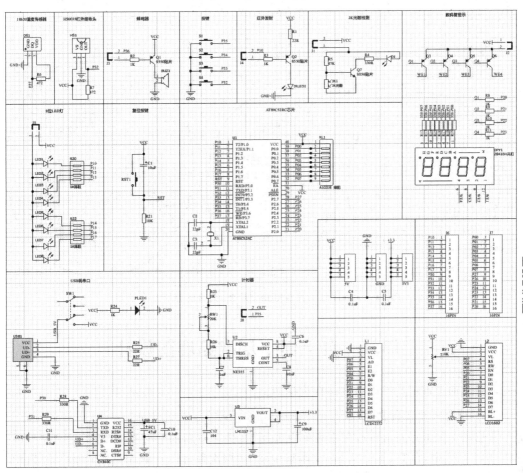

单片机实验
板原理图

图 13-3　单片机实验板电路原理图(图纸幅面 A3)

如图 13-4 所示,可以把整个图纸按功能分解为 6 个子图。我们先用子图 1、子图 2,练习如何自上而下地进行层次原理图设计。

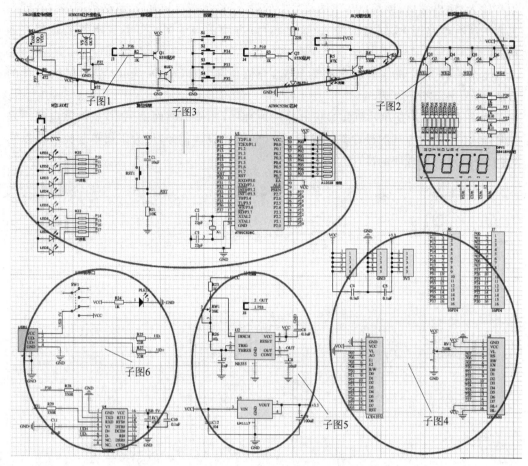

图 13-4　单片机实验板电路原理图，把该图分层 6 个子图

13.1　自上而下层次原理图设计

自上而下的层次电路设计操作步骤如下。

1.　建立一个工程文件

自上而下
层次原理
图设计

启动 Altium Designer，在主菜单中选择"文件"→"新的"→"项目"命令，弹出 Create Project 对话框，在 Project Name 文本框中输入"层次原理图—单片机实验板"，在 Folder（文件夹）的文本框中输入"层次原理图—单片机实验板"所在的路径，单击 Create 按钮。

2.　画一张主电路图

画一张用来放置方块图（Sheet Symbol）符号的主电路图。

（1）在主菜单中选择"文件"→"新的"→"原理图"命令，在新建的"层次原理图-单片机实验板.PrjPCB"工程中添加一个默认名为 Sheet1.SchDoc 的原理图文件。

（2）将原理图文件另存为 Main.SchDoc，用默认的设计图纸尺寸 A4。其他设置用默认值。

（3）在"绘制工具栏"中单击方块图符号工具按钮 ▦ ，或者在主菜单中选择"放置"→"页面符"命令。

（4）按 Tab 键，打开如图 13-5 所示的"方块符号"（Sheet Symbol）Properties 对话框。在"方块符号"Properties 对话框的属性（Properties）选项区中有以下两个属性。

① Designator（标识）：用于设置方块图所代表的图纸的名称。

② File Name（文件名）：用于设置方块图所代表的图纸的文件名，以便建立起方块图与原理图（子图）文件的直接对应关系。

（5）在"方块符号"Properties 对话框的 Designator 文本框中输入"混合电路"，在 File Name 文本框内输入"混合电路模块"，单击 ⏸ 按钮，结束方块图符号的属性设置。

（6）在原理图上合适位置单击，确定方块图符号的一个顶角位置，然后拖动鼠标，调整方块图符号的大小，确定后再单击，在原理图上插入方块图符号。

（7）目前还处于放置方块图状态，按 Tab 键，弹出"方块符号"Properties 对话框，在 Designator 文本框中输入"数码管显示"，在 File Name 文本框内输入"数码管显示模块"，重复步骤（6）在原理图上插入第二个方块图（方框图）符号，如图 13-6 所示。

图 13-5　Sheet Symbol 对话框

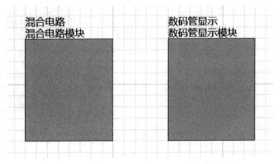

图 13-6　放入两个方块图符号后的上层原理图

3. 在方块图内放置端口

（1）单击工具栏中的添加方块图输入/输出端口工具按钮 ，或者在主菜单中选择"放置"→"添加图纸入口"命令。

（2）光标上"悬浮"着一个端口符号，把光标移入"混合电路"的方块图内，按 Tab 键，打开如图 13-7 所示的"方块入口"(Sheet Entry)Properties 对话框。

（3）在"方块入口"Properties 对话框的 Name(名称)文本框中输入 P10,作为方块图端口的名称。

I/O Type(I/O 类型)表示信号流向的确定参数,共有三个选项,它们分别是 Unspecified(不指定)、Output(输出)、Input(输入)和 Bidirectional(双向)。

（4）在 I/O Type 下拉列表中选择 Unspecified,单击 ⬛ 按钮。

（5）在混合电路方块图符号右边一侧单击鼠标,布置一个名为 P10 的方块图端口,如图 13-8 所示。

（6）此时光标仍处于放置端口状态,按 Tab 键,再打开"方块入口"Properties 对话框,在"名称"文本框中输入 P3H,I/O Type 下拉菜单中选择 Unspecified 项,单击 ⬛ 按钮。

（7）在混合电路方块图符号靠右侧单击鼠标,再布置一个名为 P3H 的方块图输出端口。

（8）重复步骤(6)、步骤(7),完成 VCC、GND 端口的放置(图 13-9),各端口的类型见表 13-1。

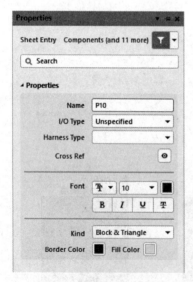

图 13-7　Sheet Entry 对话框

图 13-8　布置的方块图端口

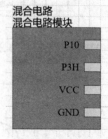

图 13-9　布置完端口的方块图

（9）采用步骤(1)～步骤(4)介绍的方法,再在"数码管显示"方块图符号中添加 3 个端口,在数码管显示的方块图中各端口名称、端口类型见表 13-1。布置完端口后的上层原理图如图 13-10 所示。

表 13-1　端口名称和类型表

方块图名称	端 口 名 称	端 口 类 型
混合电路	P10	Unspecified
	P3H	Unspecified
	VCC	Unspecified
	GND	Unspecified
数码管显示	P0S	Unspecified
	P2S	Unspecified
	VCC	Unspecified

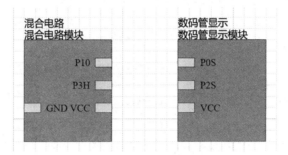

图 13-10　布置完端口后的上层原理图

4. 由方块图生成电路原理子图

（1）在主菜单中选择"设计"→"从页面符创建图纸"命令，如图 13-11 所示。

（2）单击"混合电路"方块图符号，系统自动在"层次原理图-单片机实验板.PrjPCB"工程中新建一个名为"混合电路模块.SchDoc"的原理图文件，置于 Main.SchDoc 原理图文件下层，如图 13-12 所示。在原理图文件"混合电路模块.SchDoc"中自动布置了如图 13-13 所示的 4 个端口，该端口中的名字与方块图中的一致。

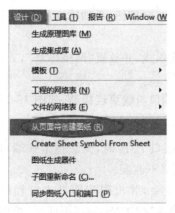

图 13-11　选择"设计"→"从页面符创建图纸"命令

图 13-12　系统自动创建的名为"混合电路模块.SchDoc"的原理图文件

图 13-13 在混合电路模块.SchDoc 的原理图中自动生成的端口

5. 完成子图 1(混合电路模块.SchDoc)原理图的绘制

在新建的"混合电路模块.SchDoc"原理图中绘制如图 13-14 所示的原理图。该原理图即为如图 13-4 所示椭圆所框的"子图 1"。

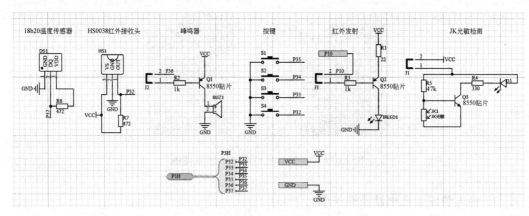

图 13-14 "混合电路"方块图所对应的下一层"混合电路模块.SchDoc"原理图

P3H 端口用信号线束网络类型完成。信号线束网络类型必须包括信号线束、线束连接器和线束入口等。

(1) 在窗口选择"放置"→"线束"→"线束连接器"命令,鼠标上"悬浮"线束连接器符号,按 Tab 键弹出 Properties(属性)对话框,在 Harness Type(线束类型)文本框中输入线束连接器的名称 P3H,在 Entries(入口)选项区单击 Add 按钮,添加输入的端口并把端口名称修改正确,如图 13-15 所示。

(2) 选择"放置"→"线"命令,在线束入口处放置短线,并放置"网络标签",如图 13-16所示。

(3) 选择"放置"→"信号线束"命令,连接 P3H 端口与线束连接器,如图 13-17 所示。

6. 同步图纸入口和端口

由于设计者在 Main 原理图上放置方块图内的端口 P3H 时,无法指定该端口的线束入口,导致"混合电路"与"混合电路模块"的 P3H 端口不匹配。

在窗口选择"设计"→"同步图纸入口和端口"命令,弹出同步图纸入口和端口对话框,如图 13-18 所示,显示"混合电路"与"混合电路模块"的 P3H 端口不匹配,按照图中所示的步骤进行操作,然后单击"关闭"按钮,端口被同步,同步后的方块图,如图 13-19所示。

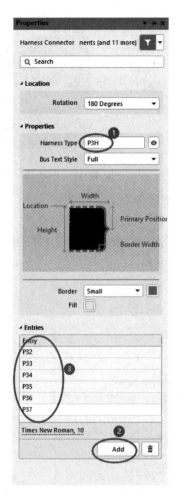

图 13-15　线束连接器属性

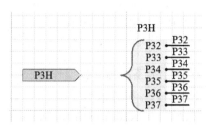

图 13-16　放置短线及网络标签

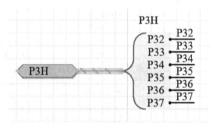

图 13-17　信号线束网络类型

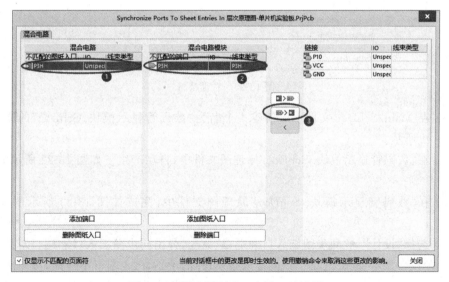

图 13-18　同步图纸入口和端口对话框

至此,完成了上层方块图"混合电路"与下一层"混合电路模块.SchDoc"原理图之间的一一对应的联系。父层(上层)与子层(下一层)之间靠上层方块图中的端口与下一层的电路图中的端口进行联系。如上层方块图中有 P3H 等 4 个端口,在下层的原理图中也有 P3H 等 4 个端口,名字相同的端口就是同一个点,这样上层和下一层就建立起了联系。

图 13-19　P3H 端口被同步

7. 从上而下的另一种操作方法

下面用另一种方法来完成上层方块图"数码管显示"与下一层"数码管显示模块.SchDoc"的原理图之间的一一对应关系。

(1) 单击工作窗口上方的 Main.SchDoc 文件标签,将其在工作窗口中打开。

(2) 在原理图中的"数码管显示"方块图符号上右击,在弹出的如图 13-20 所示的快捷菜单中选择"页面符操作"→"从页面符创建图纸"命令。

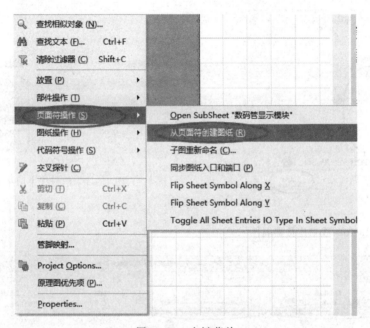

图 13-20　右键菜单

(3) 在 Main.SchDoc 文件下层新建一个名为"数码管显示模块.SchDoc"的原理图,如图 13-21 所示。

(4) 在"数码管显示模块.SchDoc"原理图文件中,自动产生了如图 13-22 所示的 3 个端口。

(5) 在"数码管显示模块.SchDoc"原理图文件中,完成如图 13-23 所示的电路原理图。

(6) 选择"设计"→"同步图纸入口和端口"命令,弹出同步图纸入口和端口对话框,如图 13-24 所示,显示"混合电路"与"混合电路模块"的 P0S、P2S 端口不匹配,按照图 13-24 所示①～③的步骤操作,端口被同步,同步后的方块图,如图 13-25 所示。

图 13-21　新建的名为"数码管显示模块.SchDoc"的原理图　　　图 13-22　自动建立的 3 个端口

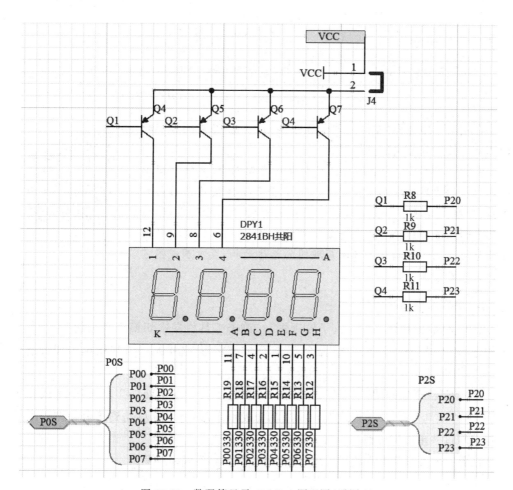

图 13-23　数码管显示.SchDoc 原理图(子图 2)

　　至此,完成了上层原理图中的方块图"数码管显示"与下层原理图"数码管显示模块.SchDoc"之间一一对应的联系。"数码管显示模块.SchDoc"原理图就是如图 13-4 所示的原理图中的子图 2。这样我们就用子图 1、子图 2 完成了自上而下的层次原理图设计。

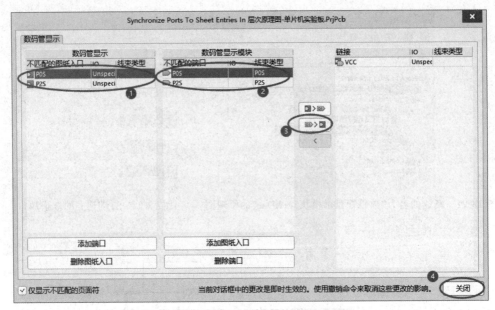

图 13-24　同步图纸入口和端口对话框

在主菜单中选择"文件"→"全部保存"命令,将新建的 3 个原理图文件按照其原名进行保存。

注意:在用层次原理图方法绘制电路原理图中,系统总图中每个模块的方块图中都给出了一个或多个表示连接关系的电路端口,这些端口在下一层电路原理图中也有相对应的同名端口,它们表示信号的传输方向也一致。Altium Designer 使用这种表示连接关系的方式构建了层次原理图的总体结构,层次原理图可以进行多层嵌套。

图 13-25　同步后的数码
管显示方块

8. 层次原理图的切换

(1) 上层(方块图)→下层(子原理图)。单击工具栏层次切换工具按钮 ⇵ 或在主菜单中选择"工具"→"上/下层次"命令,光标变成十字形,选中某一方块图单击即可进入下一层原理图。

(2) 下层(子原理图)→上层(方块图)。单击工具栏层次切换工具按钮 ⇵ 或在主菜单中选择"工具"→"上/下层次"命令,光标变成十字形,将光标移动到子电路图中的某一个连接端口并单击即可回到上层方块图。

注意:一定要单击原理图中的连接端口,否则回不到上一层图。

13.2　自下而上的层次原理图设计

Altium Designer 还支持传统的自下而上的层次电路图设计方法,本节将采用如图 13-4 所示的子图 3～子图 6,练习自下而上的设计方法。

1. 完成各个子电路图（如单片机模块.Schdoc、接口模块.Schdoc、计时器.Schdoc、USB 转串口）并在各子电路图中放置连接电路的输入/输出端口

（1）启动 Altium Designer，打开上一节中创建的上层原理图文件 Main.SchDoc。

（2）单击主菜单选择"文件"→"新的"→"原理图"命令新建一个默认名称为 Sheet1.SchDoc 的空白原理图文档，将它另存为文件"单片机模块.SchDoc"（见图 13-26）。

图 13-26　新建文件"单片机模块.SchDoc"

（3）在"单片机模块.SchDoc"原理图文档中绘制如图 13-27 所示的电路。

自下而上
的层次原
理图设计

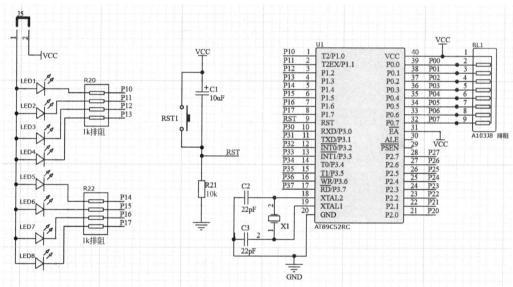

图 13-27　子图 3（单片机模块.SchDoc）

（4）在"单片机模块.SchDoc"电路图中放置与其他电路图连接的端口。单击工具栏中按钮 ▣▷（或在主菜单栏选择"放置"→"端口"命令），鼠标指针上"悬浮"着一个端口符号，按 Tab 键弹出 Properties 对话框，如图 13-28 所示，在 Name（名称）文本框中输入端口的名字 VCC，在 I/O Type（I/O 类型）下拉列表中选择 Unspecified，单击 ⓘ 按钮，在需要的位置放置端口即可。

（5）单片机的 P0～P4 端口用信号线束网络类型完成。放置完端口及线束（包括信号线束、线束连接器和线束入口）等的电路图如图 13-29 所示。

2. 从下层原理图产生上层方块图

（1）如果没有上层电路图（主原理图）文档，就要新建一个。在主菜单中选择"文件"→

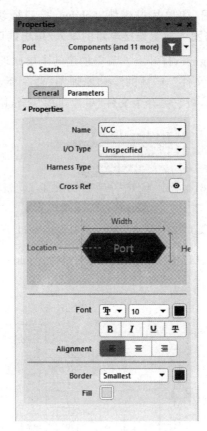

图 13-28 "端口属性"对话框

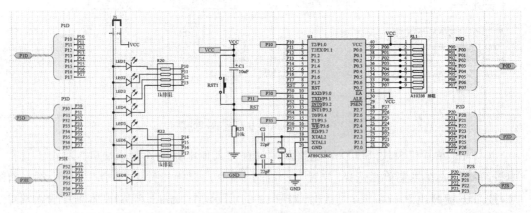

图 13-29 放置端口及线束的电路图(子图 3)

"新的"→"原理图"命令。在本例中,已有主电路图文档 Main. SchDoc,所以打开它即可。

注意:一定要打开 Main. SchDoc 文件,并在打开该文件的窗口下,执行步骤(2)操作。

(2) 在主菜单中选择"设计"→Create Sheet Symbol From Sheet 命令,打开如图 13-30 所示的 Choose Document to Place 对话框。

(3) 选择"单片机模块. SchDoc"文件,单击 OK 按钮,回到 Main. SchDoc 窗口中,鼠

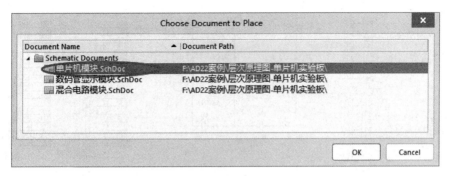

图 13-30　Choose Document to Place 对话框

标指针处"悬浮"着一个方块图符号,如图 13-31 所示,在适当的位置单击,把方块图放置好(见图 13-32)。

图 13-31　鼠标处"悬浮"的方块图符号

图 13-32　放置好的方块图符号

3. 完成其他子图

重复上述步骤,完成子图 4(接口电路模块. SchDoc)及子图 4 的方块图、子图 5(计时器模块. SchDoc)及子图 5 的方块图、子图 6(USB 转串口模块. SchDoc)及子图 6 的方块图。

完成后的子图 4(接口电路模块. SchDoc)、子图 5(计时器模块. SchDoc)、子图 6(USB 转串口模块. SchDoc)。的电路图如图 13-33~图 13-35 所示。

完成的子图 3~子图 6 方块图,如图 13-36 所示。

4. 在主电路图(文件 Main. SchDoc)内连线

在连线过程中,可以用鼠标移动方块图内的端口(端口可以在方块图的上下左右四个边上移动),也可改变方块图的大小,完成后的主电路图(Main. SchDoc)如图 13-37 所示。

5. 检查是否同步

也就是检查方块图入口与端口之间是否匹配,选择菜单"设计"→"同步图纸入口和端口"命令,如果方块图入口与端口之间匹配,则弹出对话框"Synchronize Ports to Sheet Entries In 层次原理图-单片机实验板. PrjPcb",告知所有图纸的符号都是匹配的,如图 13-38 所示。

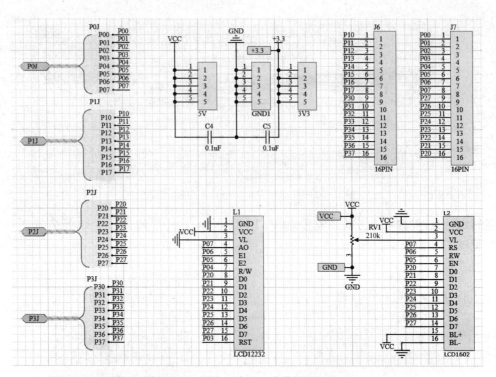

图 13-33　子图 4(接口电路模块.SchDoc)

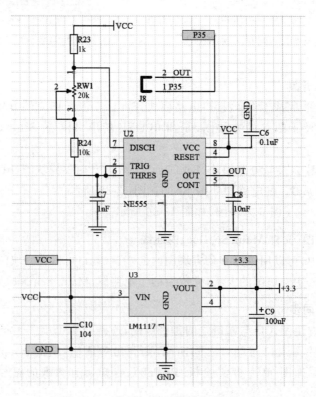

图 13-34　子图 5(计时器模块.SchDoc)

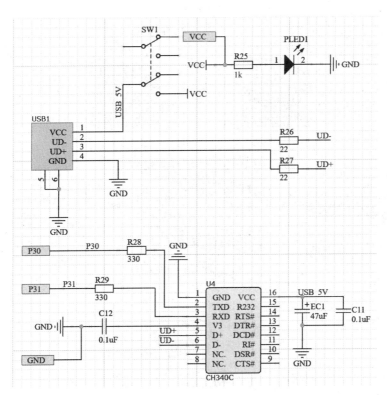

图 13-35 子图 6(USB 转串口模块.SchDoc)

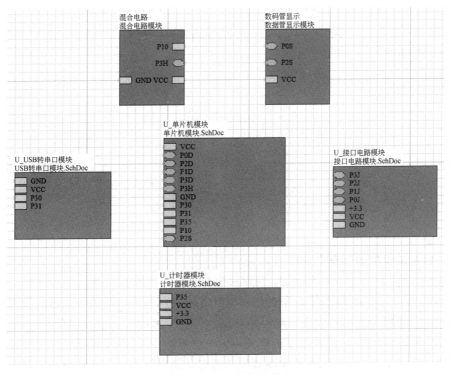

图 13-36 上层方块库

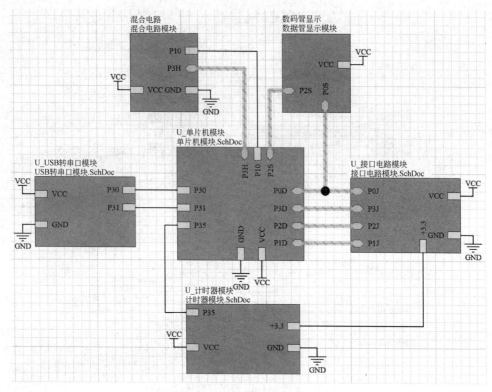

图 13-37　绘制完成的上层方块图

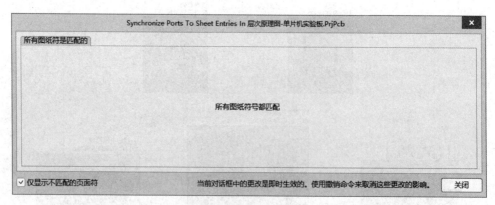

图 13-38　显示方块图入口与端口之间匹配

6. 保存工程中的所有文件

选择"文件(F)"→"全部保存(L)"命令,保存工程中的所有文件。

至此,采用自上而下、自下而上的层次设计方法设计单片机实验板电路的过程就结束了。如图 13-4 所示的电路原理图可以用如图 13-37 所示的层次原理图代替,6 个方块图分别代表 6 个子图,它们的数据要转移到一块电路板里。设计 PCB 板的过程与设计单张原理图类似,唯一的区别是,在编译原理图的时候必须在顶层。下面简单介绍设计单片机实验板电路的 PCB 板的过程。

13.3　单片机实验板的 PCB 设计

在一个工程里,不管是单张电路图,还是层次电路图,有时都会把所有电路图的数据转移到一块 PCB 板里,所以没用的电路图子图必须删除。

(1) 用前面介绍的方法在 Projects 面板里产生一个新的 PCB 板,默认名为 PCB1. PcbDoc,把它另存为"单片机实验板.PcbDoc"。

(2) 按照如图 13-39 的 PCB 板的形状定义 PCB 板的边框。

(3) 在原理图内检查每个元器件的封装是否正确。可以打开封装管理器,选择"工具"→"封装管理器"命令,弹出 Footprint Manager 对话框,在该对话框内,检查所有元器件的封装是否正确。

(4) 打开原理图(Main. SchDoc)并检查原理图(Main. SchDoc)有无错误。选择"工程(C)"→"Validate PCB Project 层次原理图-单片机实验板.PrjPcb"命令,如果有错,则在 messages 面板有提示,按提示改正错误后,重新编译,没有错误后进行以下操作。

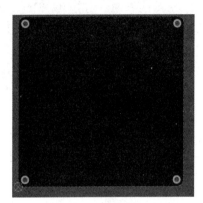

图 13-39　PCB 板边框

(5) 选择"设计(D)"→"Update PCB Document 单片机实验板.PcbDoc"命令。弹出如图 13-40 所示的"工程更改顺序"对话框。

图 13-40　数据转移对话框

(6) 单击"验证变更"按钮验证一下有无不妥之处,如果没有错误产生,则单击"执行变更"按钮,然后单击"关闭"按钮关闭此对话框,原理图的信息转移到"单片机实验板. PcbDoc"板上,如图 13-41 所示。

（7）如图 13-41 所示，包括 6 个零件摆置区域(上述设计的 6 个模块电路)，分别将这 6 个区域的元器件移动到 PCB 板的边框内，用前面介绍的方法完成布局、布线的操作，在此不再赘述。设计好的"单片机实验板电路.PcbDoc"的 PCB 板如图 13-42 所示。

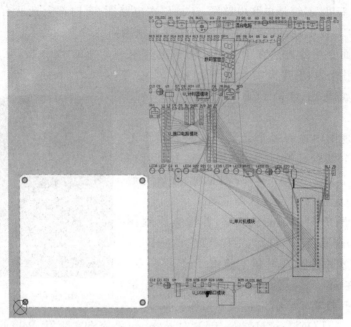

图 13-41   数据转移到"单片机实验板电路.PcbDoc"的 PCB 板上

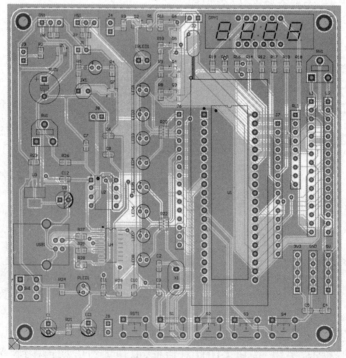

图 13-42   设计好的单片机实验板电路 PCB 板

（8）完成 PCB 板的 3D 设计。单片机实验板电路 PCB 板的 3D 显示如图 13-43 所示。

图 13-43　单片机实验板电路 PCB 板的 3D 显示

完成安装、调试的"单片机实验板"的实物如图 13-44 所示。

图 13-44　单片机实验板（实物）

本 章 小 结

本章以单片机实验板电路为例介绍了层次原理图自上而下、自下而上的设计方法。层次原理图设计的核心要点是原理图母图中端口和子图中的端口——对应,不能多也不能少,它们表示信号的传输方向要一致。子图的设计按照常规的原理图设计完成即可。

习　题　13

(1) 简述层次电路原理图在电路设计中的作用。

(2) 设计层次电路原理图一般有哪两种方法? 各在哪些情况下使用?

(3) 上层方块图和下层原理图靠什么进行联系?

(4) 层次电路原理图中的端口有哪些作用? 在进行端口属性设置时应考虑哪些问题?

(5) 应用自下而上的层次电路图设计方法,完成如图 13-45 和图 13-46 所示的 Microcontroller_STM32F101、512KBits_I2C_EEPROM 电路的顶层原理图设计。

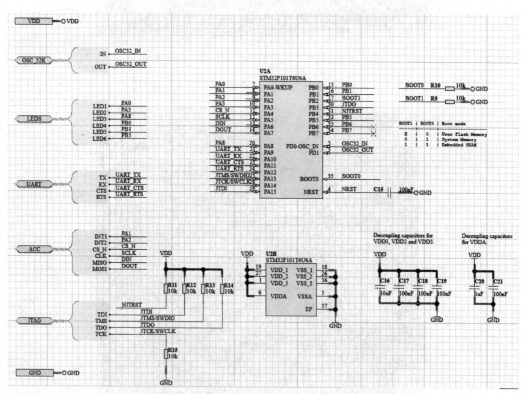

图 13-45　Microcontroller_STM32F101. SchDoc

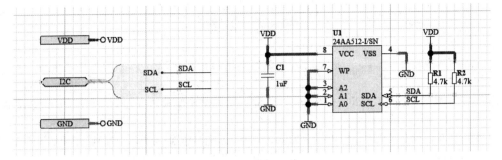

图 13-46　512KBits_I2C_EEPROM. SchDoc

参 考 文 献

[1] Altium 中国技术支持中心. Altium Designer 21 PCB 设计官方指南(基础应用)[M]. 北京：清华大学出版社,2022.

[2] 郑振宇,黄勇,龙学飞. Altium Designer 21 电子设计速成实战宝典[M]. 北京：电子工业出版社,2021.

[3] Altium 中国技术支持中心. Altium Designer PCB 设计官方指南(基础应用)[M]. 北京：清华大学出版社,2020.

[4] 白军杰. Altium Designer 20 PCB 设计实战(视频微课版)[M]. 北京：清华大学出版社,2020.

[5] 段荣霞. Altium Designer 20 标准教程(视频教学版)[M]. 北京：清华大学出版社,2020.

[6] 王静. Altium Designer 2020 电路设计案例教程[M]. 北京：中国水利水电出版社,2020.

[7] 郑振宇,黄勇,刘仁福. Altium Designer 19 电子设计速成实战宝典[M]. 北京：电子工业出版社,2019.

[8] 李宗伟,陈宇洁,苏海慧. Altium Designer 19 设计宝典：实战操作技巧与问题解决方法[M]. 北京：清华大学出版社,2019.

[9] Altium 中国技术支持中心. Altium Designer 19 PCB 设计官方指南(高级实战)[M]. 北京：清华大学出版社,2019.

[10] CAD/CAM/CAE 技术联盟. Altium Designer 16 电路设计与仿真从入门到精通[M]. 北京：清华大学出版社,2017.

[11] 徐向民. Altium Designer 快速入门[M]. 北京：北京航空航天大学出版社,2008.

[12] 宋贤法,韩晶,路秀丽. Protel Altium Designer 6. x 入门与实用：电路设计实例指导教程[M]. 北京：机械工业出版社,2009.

[13] 李衍. Altium Designer 6 电路设计实例与技巧[M]. 北京：国防工业出版社,2008.

[14] 朱勇. Protel DXP 入门与提高[M]. 北京：清华大学出版社,2004.

[15] 米昶. Protel 2004 电路设计与仿真[M]. 北京：机械工业出版社,2006.

[16] 尹勇. Protel DXP 电路设计入门与进阶[M]. 北京：科学出版社,2004.